职业教育信息安全与管理专业系列教材

网络互联技术

主　编　方　园　胡　峰
副主编　江健滨　刘淑华　孙洪迪　田晓玲
参　编　杨民峰　邓　蕴　孙秀娟　罗　波
　　　　董东野　陈世林
主　审　岳大安

机械工业出版社

INFORMATION SECURITY

本书是一本专注于网络互联技术的教材，全书共7章，包括网络协议分析与实现、二层交换、虚拟局域网络、生成树协议、OSPF路由协议、边界网关协议和MPLS技术基础。

本书以培养学生的职业能力为核心，以工作实践为主线，以项目为导向，采用任务驱动、场景教学的方式，面向企业信息安全工程师岗位的能力模型来设置内容，建立以实际工作过程为框架的职业教育课程结构。

本书可作为各类职业技术学校信息安全与管理专业及相关专业的教材，也可作为信息安全从业人员的参考用书。

本书配有电子课件，选用本书作为授课教材的教师可登录机械工业出版社教育服务网（www.cmpedu.com）免费注册下载或联系编辑（010-88379194）咨询。

图书在版编目（CIP）数据

网络互联技术/方园，胡峰主编. —北京：机械工业出版社，2020.9
职业教育信息安全与管理专业系列教材
ISBN 978-7-111-66109-2

Ⅰ. ①网… Ⅱ. ①方… ②胡… Ⅲ. ①互联网络—职业教育—教材 Ⅳ. ①TP393.4

中国版本图书馆CIP数据核字（2020）第126763号

机械工业出版社（北京市百万庄大街22号　邮政编码100037）
策划编辑：梁　伟　　责任编辑：梁　伟　张星瑶
责任校对：张玉静　　封面设计：马精明
责任印制：常天培
北京虎彩文化传播有限公司印刷
2020年8月第1版第1次印刷
184mm×260mm · 12.25印张 · 309千字
0001—1500册
标准书号：ISBN 978-7-111-66109-2
定价：39.80元

电话服务	网络服务
客服电话：010-88361066	机 工 官 网：www.cmpbook.com
010-88379833	机 工 官 博：weibo.com/cmp1952
010-68326294	金 书 　 网：www.golden-book.com
封底无防伪标均为盗版	机工教育服务网：www.cmpedu.com

前言

当前信息技术的发展欣欣向荣，但是，危害信息安全的事件也在不断发生，信息安全的形势非常严峻。黑客入侵、利用计算机实施犯罪、恶意软件侵扰、隐私泄露等是我国信息网络空间面临的主要威胁和挑战。

随着计算机和网络在军事、政治、金融、工业、商业等领域的广泛应用，人们越来越依赖计算机和网络，如果计算机和网络系统的安全受到破坏，不仅会带来巨大的经济损失，还会引起社会混乱。因此，确保以计算机和网络为主要基础设施的信息系统安全已成为备受关注的社会问题和信息科学技术领域的研究热点。实现我国社会信息化并确保信息安全的关键是人才，这就需要培养规模宏大、素质优良的信息化和信息安全人才队伍。

本书以培养学生的职业能力为核心，以工作实践为主线，以项目为导向，采用任务驱动、场景教学的方式，面向企业信息安全工程师岗位的能力模型来设置内容，建立以实际工作过程为框架的职业教育课程结构。全书共 7 章，主要内容包括：网络协议分析与实现、二层交换、虚拟局域网络、生成树协议、OSPF 路由协议、边界网关协议和 MPLS 技术基础。

本书由方园、胡峰任主编；江健滨、刘淑华、孙洪迪、田晓玲任副主编；杨民峰、邓蕴、孙秀娟、罗波、董东野、陈世林任参编。全书由岳大安主审。

由于编者水平有限，书中难免存在不足之处，恳请读者批评指正。

编　者

目录

前言

第1章 网络协议分析与实现 1

1.1 OSI 网络模型和 TCP/IP 概述 1
1.2 以太网协议 6
1.3 地址解析协议 13
1.4 网际互联协议 18
1.5 网际控制报文协议 25
1.6 传输控制协议 33
1.7 用户报文协议 41
1.8 动态主机配置协议 47
1.9 域名解析系统 54
1.10 路由信息协议 62
1.11 超文本传输协议 69
1.12 文件传输协议 79

第2章 二层交换 87

2.1 二层交换机的工作原理 87
2.2 二层交换实训：交换机的基本配置 91

第3章 虚拟局域网络 94

3.1 虚拟局域网络的工作原理 94
3.2 虚拟局域网络实训：运用 Python 实现 802.1Q 协议 96
3.3 虚拟局域网络实训：配置虚拟局域网络 101

第4章 生成树协议 104

4.1 生成树协议的工作原理 104
4.2 生成树协议分析 106
4.3 生成树协议实训：运用 Python 实现生成树协议 106
4.4 生成树协议实训：配置生成树协议 112

第 5 章　OSPF 路由协议 115

5.1 OSPF 协议介绍 115
5.2 OSPF 的工作原理 117
5.3 OSPF 路由协议实训：配置路由器 OSPF 路由协议 138

第 6 章　边界网关协议 142

6.1 BGP 介绍 142
6.2 BGP 的使用 146
6.3 BGP 的术语和属性 146
6.4 BGP 实训：配置路由器 BGP 169

第 7 章　MPLS 技术基础 172

7.1 MPLS 介绍 172
7.2 MPLS 包头 173
7.3 标签交换路由器 173
7.4 标签交换路径 174
7.5 转发等价类 174
7.6 标签分发协议 LDP 174
7.7 MPLS VPN 176
7.8 MPLS VPN 访问公网 182
7.9 MPLS 实训：配置路由器 MPLS 184

参考文献 190

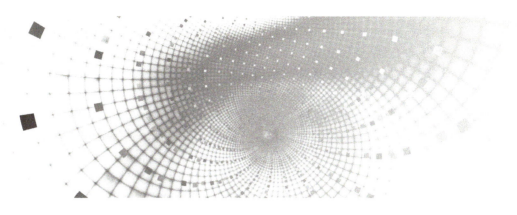

第1章 网络协议分析与实现

学习目标：

信息安全工程师在进行流量监控、入侵检测等工作时，需要具备常用网络协议分析的知识和能力，本章将帮助读者学习和掌握常见网络协议的构造和原理。

1.1 OSI 网络模型和 TCP/IP 概述

OSI（Open System Interconnection）意为开放式系统互联。国际标准化组织（ISO）制定了 OSI 模型，该模型定义了不同计算机互联的标准，是设计和描述计算机网络通信的基本框架。OSI 模型把网络通信的工作分为 7 层，分别是物理层、数据链路层、网络层、传输层、会话层、表示层和应用层。事实上这是被 TCP/IP 的 4 层模型淘汰的协议，在当今没有大规模使用。

1969 年 12 月，美国国防部高级计划研究署的分组交换网 ARPANET 投入运行，从此计算机网络发展进入新纪元。ARPANET 当时仅有 4 个结点，分别在美国国防部、原子能委员会、麻省理工学院和加利福尼亚。这 4 台计算机之间进行数据通信时仅有传送数据的通路是不够的，还必须遵守一些事先约定好的规则，由这些规则明确所交换数据的格式及有关同步问题。ARPANET 的实践经验表明对于非常复杂的计算机网络而言，其结构最好是采用层次型的。根据这一特点，国际标准化组织 ISO 推出了开放系统互联参考模型（Open System Interconnect Reference Model，ISO–OSI RM）。开放系统互联参考模型的系统结构共 7 层，层与层之间进行对等通信，且这种通信只是逻辑上的，真正的通信都是在最底层——物理层实现的，每一层要完成相应的功能，下一层为上一层提供服务，从而把复杂的通信过程分成了多个独立的、比较容易解决的子问题。OSI 最初是由 ISO 来制定，但后来的许多标准都是 ISO 与 CCITT 联合制定的。

开放系统互联参考模型中的开放是指非垄断的，系统是指现实的系统中与互联有关的各部分。世界上第一个网络体系结构由 IBM 公司提出（Systems Network Architecture，SNA，1974 年提出），以后其他公司也相继提出自己的网络体系结构，如 Digital 公司的 DNA，美国国防部的 TCP/IP 等，多种网络体系结构并存，其结果是若采用 IBM 的结构就只能选用 IBM 的产品，只能与同种结构的网络互联。为了促进计算机网络的发展，ISO 于 1977 年成立了一个委员会，在现有网络的基础上提出了不基于具体机型、操作系统或公司的网络体系结构，称为开放系统互联模型。

OSI 模型的设计目的是成为一个所有销售商都能实现的开放网络模型，来克服使用众多私有网络模型所带来的困难和低效性。这个模型把网络通信的工作分为 7 层，它们由低到高分别是物理层（Physical Layer）、数据链路层（Data Link Layer）、网络层（Network Layer）、传输层（Transport Layer）、会话层（Session Layer）、表示层（Presentation Layer）和应用层（Application Layer）。第一层到第三层属于 OSI 参考模型的低三层，负责创建网络通信连接的链路；第五层到第七层为 OSI 参考模型的高三层，具体负责端到端的数据通信；第四层负责高低层的连接。每层完成一定的功能，每层都直接为其上层提供服务，并且所有层次都互相支持，而网络通信则可以自上而下（在发送端）或者自下而上（在接收端）双向进行。当然并不是每一次通信都需要经过 OSI 的全部 7 层，有的只需要双方对应的某一层即可。物理接口之间的转接以及中继器与中继器之间的连接只需在物理层中进行即可；路由器与路由器之间的连接只需经过网络层以下的三层即可。总的来说，双方的通信是在对等层次上进行的，不能在不对等的层次上进行通信。OSI 标准制定过程中采用的方法是将整个庞大而复杂的问题划分为若干个容易处理的小问题，这就是分层的体系结构办法。在 OSI 中采用了三级抽象，即体系结构、服务定义和协议规格说明。为方便记忆可以将 7 层从高到低视为"All People Seem To Need Data Processing"，每一个大写字母与 7 层名称的首字母相对应。7 层模型每一层的详细介绍如下：

1. 物理层（Physical Layer）

物理层是 OSI 分层结构体系中最重要、最基础的一层，它建立在传输媒介基础上，起到建立、维护和取消物理连接的作用，实现设备之间的物理接口。物理层只接收和发送一串比特（bit）流，不考虑信息的意义和信息结构。

物理层描述了对连接到网络上的设备的机械特性、电气特性、功能特性和过程特性的规定。具体地讲，机械特性规定了网络连接时所需插件的规格尺寸、引脚数量和排列情况等；电气特性规定了在物理连接上传输比特流时线路上信号电平的大小、阻抗匹配、传输速率距离限制等；功能特性是指对各个信号先分配确切的信号含义，即定义了 DTE（数据终端设备）和 DCE（数据通信设备）之间各个线路的功能；过程特性定义了利用信号线进行比特流传输的一组操作规程，是指在物理连接的建立、维护、交换信息时，DTE 和 DCE 双方在各电路上的动作系列。物理层的数据单位是位（bit）。

属于物理层定义的典型规范包括 EIA/TIARS–232、EIA/TIARS–449、V.35、RJ–45 等。

物理层的主要功能如下：

• 为数据端设备提供传送数据的通路，数据通路可以是一个物理媒体，也可以由多个物理媒体连接而成。一次完整的数据传输包括激活物理连接、传送数据和终止物理连接。所谓激活是指不管有多少个物理媒体参与，都要在通信的两个数据终端设备之间连接起来，形成一条通路。

• 传输数据。物理层要形成适合数据传输需要的实体，为数据传输提供服务，包括：
1）保证数据按位传输的正确性。
2）向数据链路层提供一个透明的位传输。
3）提供足够的带宽（带宽是指每秒内能够通过的位数，即 bit/s），以减少信道上的拥塞。

传输数据的方式能满足点到点、一点到多点、串行或并行、半双工或全双工、同步或异步传输的需要。

4）完成物理层的一些管理工作，如在数据终端设备、数据通信和交换设备等设备之间完成对数据链路的建立、保持和拆除操作。

物理层的典型设备有光纤、同轴电缆、双绞线、中继器和集线器。

2. 数据链路层（Data Link Layer）

在物理层提供比特流服务的基础上，将比特信息封装成数据帧（frame），起到在物理层上建立、撤销、标识逻辑链接和链路复用以及差错校验等功能。通过使用接收系统的硬件地址或物理地址来寻址，建立相邻结点之间的数据链路，通过差错控制提供数据帧在信道上无差错地传输，同时为其上面的网络层提供有效的服务。

数据链路层在不可靠的物理介质上提供可靠的传输。该层的作用包括物理地址寻址、数据的成帧、流量控制、数据的检错、重发等。在这一层，数据以帧为单位。

数据链路层协议的代表包括 SDLC、HDLC、PPP、STP、帧中继等。

链路层的主要功能如下：
- 实现系统实体间二进制信息块的正确传输。
- 为网络层提供可靠、无错误的数据信息。
- 在数据链路中解决信息模式、操作模式、差错控制、流量控制、信息交换过程和通信控制规程的问题。

链路层是为网络层提供数据传送服务的，这种服务要依靠本层具备的功能来实现。链路层应具备如下功能：
- 链路连接的建立、拆除、分离。
- 帧定界和帧同步。链路层的数据传输单元是帧，不同协议的帧的长短和界面也有差别，但无论如何必须对帧进行定界。
- 顺序控制，指对帧的收发顺序的控制。
- 差错检测和恢复。差错检测多用方阵码校验和循环码校验来检测信道上数据的误码，而用序号检测帧丢失等问题。各种错误的恢复则常靠反馈重发技术来完成。

数据链路层的典型设备有二层交换机、网桥、网卡。

3. 网络层（Network Layer）

网络层也称通信子网层，是高层协议之间的界面层，用于控制通信子网的操作，是通信子网与资源子网的接口。在计算机网络中进行通信的两个计算机之间可能会经过多个数据链路，还可能经过多个通信子网。网络层的任务就是选择合适的网间路由和交换结点，确保数据及时传送。网络层将解封装数据链路层收到的帧，提取数据包。数据包中封装有网络层包头，其中含有逻辑地址信息（源站点和目的站点的网络地址）。

如果谈论一个 IP 地址，那么是在处理第 3 层的问题，这是"数据包"问题，而不是第 2 层的"帧"。IP 是第 3 层问题的一部分，此外还有一些路由协议和地址解析协议（ARP）。有关路由的一切事情都在第 3 层处理，地址解析和路由是第 3 层处理的重要目的。此外，网络层还可以实现拥塞控制、网际互联、信息包顺序控制及网络记账等功能。

在网络层交换的数据单元的单位是分割和重新组合数据包（Packet）。

网络层协议的代表包括 IP、IPX、OSPF 等。

网络层主要功能是基于网络层地址（IP 地址）进行不同网络系统间的路径选择。

网络层为建立网络连接和为上层提供服务，应具备以下主要功能：
- 路由选择和中继。
- 激活，终止网络连接。
- 在一条数据链路上复用多条网络连接，多采取分时复用技术。
- 差错检测与恢复。
- 排序，流量控制。
- 服务选择。
- 网络管理。
- 网络层标准简介。

网络层典型设备有网关、路由器。

4. 传输层（Transport Layer）

传输层建立在网络层和会话层之间，它实质上是网络体系结构中高低层之间衔接的一个接口层，用一个寻址机制来标识一个特定的应用程序（端口号）。传输层不仅是一个单独的结构层，还是整个分层体系协议的核心，如果没有传输层整个分层协议就没有意义。

传输层的数据单元是由数据组织而成的数据段（Segment）。这一层负责获取全部信息，因此，它必须跟踪数据单元碎片、乱序到达的数据包和其他可能在传输过程中发生的危险。

传输层获得下层提供的服务包括：
- 发送和接收正确的数据块分组序列，并用其构成传输层数据。
- 获得网络层地址，包括虚拟信道和逻辑信道。

传输层向上层提供的服务包括。
- 无差错、有序的报文收发。
- 提供传输连接。
- 进行流量控制。

传输层为上层提供端到端（最终用户到最终用户）的透明的、可靠的数据传输服务。所谓透明的传输是指在通信过程中传输层对上层屏蔽了通信传输系统的具体细节。

传输层协议的代表包括 TCP、UDP、SPX 等。

传输层的主要功能是从会话层接收数据，根据需要把数据切成较小的数据片，并把数据传送给网络层，确保数据片正确到达网络层，从而实现两层数据的透明传送。

传输层是两台计算机经过网络进行数据通信时，第一个端到端的层次，具有缓冲作用。当网络层的服务质量不能满足要求时，它将服务加以提高，以满足高层的要求；当网络层服务质量较好时，它只需要做很少的工作。传输层还可进行复用，即在一个网络连接上创建多个逻辑连接。

传输层也被称为运输层。传输层只存在于端开放系统中，是介于低三层通信子网系统和高三层之间的一层，但却是很重要的一层。因为它是对源端到目的端的数据传送从低到高进行控制的最后一层。

各种通信子网在性能上存在着很大差异，例如，电话交换网、分组交换网、公用数据交换网、局域网等通信子网都可互联，但它们的吞吐量、传输速率、数据延迟、通信费用等各不相同。但是会话层却要求有性能恒定的界面，传输层就承担了这一功能，它采用分流/合流、复用/解复用技术来调节通信子网的差异，使会话层感受不到这些差异。

此外，传输层还要具备差错恢复、流量控制等功能。传输层面对的数据对象已不再是网络地址和主机地址，而是连接会话层的界面端口。上述功能的最终目的是为会话层提供可靠、无误的数据传输。传输层的服务一般要经历传输连接建立阶段、数据传送阶段、传输连接释放阶段这3个阶段才算完成一个完整的服务过程。而数据传送阶段又分为一般数据传送和加速数据传送两种，基本可以满足对传送质量、传送速度、传送费用的各种不同需要。

5. 会话层（Session Layer）

会话层又称为会晤层或对话层，在会话层及以上的高层次中，数据传送的单位不再另外命名，统称为报文。会话层不参与具体的传输，它提供包括访问验证和会话管理在内的建立和维护应用之间通信的机制，例如，服务器验证用户登录的工作便是由会话层完成的。

会话层提供的服务可使应用建立和维持会话，并能使会话获得同步。会话层使用了校验点，可使会话在通信失效时从校验点恢复通信，这种功能对于传送大的文件极为重要。会话层、表示层、应用层构成开放系统的高3层，面向应用进程提供分布处理、对话管理、信息表示、恢复最后的差错等功能。会话层同样要担负应用进程服务的要求，为传输层不能完成的工作予以弥补。会话层主要的功能是对话管理、数据流同步和重新同步，这些功能的完成需要由大量的服务单元进行功能组合，目前已经制定的功能单元有几十种。

6. 表示层（Presentation Layer）

表示层向上对应用层提供服务，向下接收来自会话层的服务。表示层是为在应用过程之间传送的信息提供表示方法的服务，它关心的只是发出信息的语法与语义。表示层要完成某些特定的功能，主要包括不同数据编码格式的转换，数据压缩、解压缩服务，对数据进行加密、解密。例如，图像格式的显示，就是由位于表示层的协议来支持的。

表示层为应用层提供的服务还包括语法选择、语法转换等。语法选择是提供一种初始语法和以后修改这种选择的手段。语法转换涉及代码转换、字符集的转换、数据格式的修改以及对数据结构操作的适配。

7. 应用层（Application Layer）

网络应用层是通信用户之间的窗口，为用户提供网络管理、文件传输、事务处理等服务，其中包含了若干个独立的、用户通用的服务协议模块。网络应用层是OSI的最高层，为网络用户之间的通信提供专用的程序。应用层的内容主要取决于用户的各自需要，这一层涉及的主要问题是分布数据库、分布计算技术、网络操作系统、分布操作系统、远程文件传输、电子邮件、终端电话及远程作业登录与控制等。在OSI的7个层次中，应用层是最复杂的，所包含的应用层协议也最多，有些还在研究和开发之中。应用层为操作系统或网络应用程序提供访问网络服务的接口。

应用层协议的代表包括Telnet、FTP、HTTP、SNMP、DNS等。

TCP/IP参考模型是由ARPANET首先使用的网络体系结构。这个体系结构在它的两个主要协议出现以后被称为TCP/IP参考模型（TCP/IP Reference Model）。这一网络协议共分为4层：网络访问层、互联网层、传输层和应用层。

网络访问层（Network Access Layer）在TCP/IP参考模型中并没有详细描述，只是指出主机必须使用某种协议与网络相连。

互联网层（Internet Layer）是整个体系结构的关键部分，其功能是使主机可以把分组发往任何网络，并使分组独立地传向目标。这些分组可能经由不同的网络，到达的顺序和发送的顺序也可能不同。高层如果需要顺序收发，那么就必须自行处理对分组的排序。互联网层使用的是因特网协议（IP，Internet Protocol）。TCP/IP 参考模型的互联网层和 OSI 参考模型的网络层在功能上非常相似。

传输层（Transport Layer）使源端和目的端机器上的对等实体可以进行会话。在这一层定义了两个端到端的协议：传输控制协议（TCP，Transmission Control Protocol）和用户数据报协议（UDP，User Datagram Protocol）。TCP 是面向连接的协议，它提供可靠的报文传输和对上层应用的连接服务。为此，除了基本的数据传输外，它还有可靠性保证、流量控制、多路复用、优先权和安全性控制等功能。UDP 是面向无连接的不可靠传输的协议，主要用于不需要 TCP 的排序和流量控制等功能的应用程序。

应用层（Application Layer）包含所有的高层协议，包括虚拟终端协议（Telnet，Telecommunications Network）、文件传输协议（FTP，File Transfer Protocol）、电子邮件传输协议（SMTP，Simple Mail Transfer Protocol）、域名服务（DNS，Domain Name Service）、网上新闻传输协议（NNTP，Net News Transfer Protocol）和超文本传送协议（HTTP，Hyper Text Transfer Protocol）等。Telnet 允许一台机器上的用户登录到远程机器上，并进行工作；FTP 提供有效地将文件从一台机器上移到另一台机器上的方法；SMTP 用于电子邮件的收发；DNS 用于把主机名映射到网络地址；NNTP 用于新闻的发布、检索和获取；HTTP 用于在 www 上获取主页。

1.2 以太网协议

1.2.1 以太网协议基础知识

以太网通常是指由 DEC、Intel 和 Xerox 公司在 1982 年联合公布的一个标准，它是当今 TCP/IP 采用的主要的局域网技术，它采用一种被称作 CSMA/CD 的媒体接入方法。几年后，IEEE802 委员会公布了一个稍有不同的标准集，其中 802.3 针对整个 CSMA/CD 网络，802.4 针对令牌总线网络，802.5 针对令牌环网络；此三种帧的通用部分由 802.2 标准来定义，也就是人们熟悉的 802 网络共有的逻辑链路控制（LLC）。由于目前 CSMA/CD 的媒体接入方式占主流，此处仅对以太网和 IEEE 802.3 的帧格式详细分析。

在 TCP/IP 中，以太网 IP 数据报文的封装在 RFC 894 中定义，IEEE 802.3 网络 IP 数据报文的封装在 RFC 1042 中定义。标准规定：

1）主机必须能发送和接收采用 RFC 894（以太网）封装格式的分组；

2）主机应该能接收 RFC 1042（IEEE 802.3）封装格式的分组；

3）主机可以发送采用 RFC 1042（IEEE 802.3）封装格式的分组。

如果主机能同时发送两种类型的分组数据，那么发送的分组必须是可以设置的，而且默认条件下必须是 RFC 894（以太网）。

最常使用的封装格式是 RFC 894 定义的格式，俗称 Ethernet II 或 Ethernet DIX（下文简称为 Ethernet II）。

Ethernet II 和 IEEE802.3 的帧格式分别如下：

（1）Ethernet II 帧格式

前序	目的地址	源地址	类型	数据	FCS
8 Byte	6 Byte	6 Byte	2 Byte	46~1500 Byte	4 Byte

（2）IEEE802.3 一般帧格式

前序	帧起始定界符	目的地址	源地址	长度	数据	FCS
7 Byte	1 Byte	2/6 Byte	2/6 Byte	2 Byte	46~1500Byte	4Byte

Ethernet II 与 IEEE802.3 的帧格式类似，主要的不同点在于前者定义的"类型"是 2Byte，而后者定义的"长度"是 2Byte；所幸的是，后者定义的有效长度值与前者定义的有效类型值无一相同，这样就容易区分两种帧格式了。

两种帧格式的各字段详细说明如下：

（1）前序字段

前序字段由 8 个（Ethernet II）或 7 个（IEEE 802.3）字节（Byte）的交替出现的 1 和 0 组成，设置该字段的目的是指示帧的开始并便于网络中的所有接收器均能与到达帧同步，另外，该字段本身（在 Ethernet II 中）或与帧起始定界符组合（在 IEEE 802.3 中）能保证各帧之间用于错误检测和恢复操作的时间间隔不小于 9.6ms。

（2）帧起始定界符字段

该字段仅在 IEEE 802.3 标准中有效，它可以被看作前序字段的延续。实际上，该字段的组成方式继续使用前序字段中的格式，这个 1Byte 字段的前 6 位（bit）由交替出现的 1 和 0 构成，该字段的最后两位是 11，这两位中断了同步模式并提醒接收后面跟随的帧数据。

当控制器将接收帧送入其缓冲器时，前序字段和帧起始定界符字段均被去除。类似地当控制器发送帧时，它将这两个字段（如果传输的是 IEEE 802.3 帧）或一个前序字段（如果传输的是真正的以太网帧）作为前缀加入帧中。

（3）目的地址字段

目的地址字段确定帧的接收者。2Byte 的源地址和目的地址可用于 IEEE 802.3 网络，而 6Byte 的源地址和目的地址字段既可用于 Ethernet II 网络又可用于 IEEE 802.3 网络。用户可以选择 2Byte 或 6Byte 的目的地址字段，但对 IEEE 802.3 设备来说，局域网中的所有工作站必须使用同样的地址结构。目前，几乎所有的 IEEE 802.3 网络使用的都是 6Byte 字段寻址，帧结构中包含的 2Byte 字段选项主要是用于使用 16bit 地址字段的早期局域网。

（4）源地址字段

源地址字段标识发送帧的工作站。和目前地址字段类似，源地址字段的长度可以是 2Byte 或 6Byte。只有 IEEE 802.3 标准支持 2Byte 源地址并要求使用的目的地址。Ethernet II 和 IEEE 802.3 标准均支持 6Byte 的源地址字段。当使用 6Byte 的源地址字段时，前 3Byte 表示由 IEEE 分配给厂商的地址，烧录在每一块网络接口卡的 ROM 中；而厂商通常为其每一网络接口卡分配后面的字节。

（5）类型字段

2Byte 的类型字段仅用于 Ethernet II 帧。该字段用于标识数据字段中包含的高层协议，也就是说，该字段告诉接收设备如何解释数据字段。在以太网中，多种协议可以在局域网中同时共存，例如，类型字段取值为十六进制 0800 的帧将被识别为 IP 帧，而类型字段取值为十六进制 8137 的帧将被识别为 IPX 和 SPX 帧。因此，在 Ethernet II 的类型字段中设置相应的十六进制值实现了在局域网中支持多协议传输的机制。

在 IEEE 802.3 标准中类型字段被替换为长度字段，因此 Ethernet II 帧和 IEEE 802.3 帧之间不能兼容。

（6）长度字段

用于 IEEE 802.3 的 2Byte 长度字段定义了数据字段包含的字节数。不论是在 Ethernet II 还是 IEEE 802.3 标准中，从前序到 FCS 字段的帧长度最小是 64Byte。最小帧长度保证了有足够的传输时间用于以太网网络接口卡精确地检测冲突，这一最小时间是根据网络的最大电缆长度和帧沿电缆传播所需要的时间确定的。基于最小帧长为 64Byte 和使用 6Byte 地址字段的要求，每个数据字段的最小长度为 46 字节。唯一的例外是吉比特以太网（Gigabit Ethemet，GbE），在 1000Mbit/s 的工作速率下，原来的 IEEE 802.3 标准不可能提供足够的帧持续时间而使电缆长度达到 100m。这是因为在 1000Mbit/s 的传输率下，很可能一个工作站在发现网段另一端出现的任何冲突之前就已经处在帧传输过程中了。为解决这一问题，设计了将以太网最小帧长扩展为 512Byte 的负载扩展方法。

对除吉比特以太网之外的所有以太网版本，如果传输数据少于 46Byte，应将数据字段填充至 46Byte。不过，填充字符的个数不包括在长度字段之中。同时支持以太网和 IEEE802.3 帧格式的网络接口卡通过这一字段的值区分这两种帧。也就是说，因为数据字段的最大长度为 1500Byte，所以超过十六进制数 05DC 的值就不是长度字段（IEEE 802.3），而是类型字段（Ethernet II）。

（7）数据字段

如前所述，数据字段的最小长度必须为 46Byte 以保证帧长至少为 64Byte，这意味着即使传输 1Byte 信息也必须使用 46Byte 的数据字段；如果填入该字段的信息少于 46Byte，该字段的其余部分也必须进行填充。数据字段的最大长度为 1500Byte。

（8）校验序列（FCS）字段

既可用于 Ethernet II 又可用于 IEE 802.3 标准的帧校验序列字段提供了一种错误检测机制，每一个发送器均计算一个包括了地址字段、类型/长度字段和数据字段的循环冗余校验（Cyclic Redundancy Check，CRC）码。发送器将计算出的 CRC 码填入 4Byte 的 FCS 字段。

虽然 IEEE 802.3 标准必然要取代 Ethernet II，但由于二者的相似性以及 Ethernet II 是 IEEE 802.3 的基础，通常将这两者均看作以太网。

1.2.2 实训：运用 Python 实现以太网协议

1. 实训说明

为了理解以太网协议的工作原理，可以利用 Python 解释器实现以太网协议。

2. 实训环境

主机 A 操作系统：Ubuntu Linux 32bit；

主机 A 工具集：Backtrack5；
主机 B 操作系统：CentOS Linux 32bit。

3. 实训步骤

第一步：为各主机配置 IP 地址，如图 1-1 和图 1-2 所示。

Ubuntu Linux：

IPA：192.168.1.112/24

```
root@bt:~# ifconfig eth0 192.168.1.112 netmask 255.255.255.0
root@bt:~# ifconfig
eth0      Link encap:Ethernet  HWaddr 00:0c:29:4e:c7:10
          inet addr:192.168.1.112  Bcast:192.168.1.255  Mask:255.255.255.0
          inet6 addr: fe80::20c:29ff:fe4e:c710/64 Scope:Link
          UP BROADCAST RUNNING MULTICAST  MTU:1500  Metric:1
          RX packets:311507 errors:0 dropped:0 overruns:0 frame:0
          TX packets:281506 errors:0 dropped:0 overruns:0 carrier:0
          collisions:0 txqueuelen:1000
          RX bytes:21621597 (21.6 MB)  TX bytes:62822798 (62.8 MB)
```

图 1-1

CentOS Linux：

IPB：192.168.1.100/24

```
[root@localhost ~]# ifconfig eth0 192.168.1.100 netmask 255.255.255.0
[root@localhost ~]# ifconfig
eth0      Link encap:Ethernet  HWaddr 00:0C:29:A0:3E:A2
          inet addr:192.168.1.100  Bcast:192.168.1.255  Mask:255.255.255.0
          inet6 addr: fe80::20c:29ff:fea0:3ea2/64 Scope:Link
          UP BROADCAST RUNNING MULTICAST  MTU:1500  Metric:1
          RX packets:35532 errors:0 dropped:0 overruns:0 frame:0
          TX packets:27052 errors:0 dropped:0 overruns:0 carrier:0
          collisions:0 txqueuelen:1000
          RX bytes:9413259 (8.9 MiB)  TX bytes:1836269 (1.7 MiB)
          Interrupt:59 Base address:0x2000
```

图 1-2

第二步：从渗透测试主机开启 Python 解释器，如图 1-3 所示。

```
root@bt:~# python3.3
Python 3.3.2 (default, Jul  1 2013, 16:37:01)
[GCC 4.4.3] on linux
Type "help", "copyright", "credits" or "license" for more information.
```

图 1-3

第三步：在渗透测试主机 Python 解释器中导入 Scapy 库，如图 1-4 所示。

```
Type "help", "copyright", "credits" or "license" for more information.
>>> from scapy.all import *
WARNING: No route found for IPv6 destination :: (no default route?). This affects only
 IPv6
>>>
```

图 1-4

第四步：查看 Scapy 库中支持的类，如图 1-5 所示。

```
>>> ls()
ARP           : ARP
ASN1_Packet   : None
BOOTP         : BOOTP
CookedLinux   : cooked linux
DHCP          : DHCP options
DHCP6         : DHCPv6 Generic Message)
DHCP6OptAuth  : DHCP6 Option - Authentication
DHCP6OptBCMCSDomains : DHCP6 Option - BCMCS Domain Name List
DHCP6OptBCMCSServers : DHCP6 Option - BCMCS Addresses List
DHCP6OptClientFQDN : DHCP6 Option - Client FQDN
DHCP6OptClientId : DHCP6 Client Identifier Option
DHCP6OptDNSDomains : DHCP6 Option - Domain Search List option
DHCP6OptDNSServers : DHCP6 Option - DNS Recursive Name Server
DHCP6OptElapsedTime : DHCP6 Elapsed Time Option
DHCP6OptGeoConf :
DHCP6OptIAAddress : DHCP6 IA Address Option (IA_TA or IA_NA suboption)
```

图 1-5

第五步：在 Scapy 库支持的类中找到 Ethernet 类，如图 1-6 所示。

```
Dot11ReassoReq  : 802.11 Reassociation Request
Dot11ReassoResp : 802.11 Reassociation Response
Dot11WEP        : 802.11 WEP packet
Dot1Q           : 802.1Q
Dot3            : 802.3
EAP             : EAP
EAPOL           : EAPOL
Ether           : Ethernet
GPRS            : GPRSdummy
GRE             : GRE
HAO             : Home Address Option
HBHOptUnknown   : Scapy6 Unknown Option
HCI_ACL_Hdr     : HCI ACL header
HCI_Hdr         : HCI header
HDLC            : None
HSRP            : HSRP
ICMP            : ICMP
ICMPerror       : ICMP in ICMP
```

图 1-6

第六步：实例化 Ethernet 类的一个对象，对象的名称为 eth，如图 1-7 所示。

```
>>>
>>> eth = Ether()
>>>
```

图 1-7

第七步：查看对象 eth 的各属性，如图 1-8 所示。

```
>>> eth.show()
###[ Ethernet ]###
WARNING: Mac address to reach destination not found. Using broadcast.
  dst= ff:ff:ff:ff:ff:ff
  src= 00:00:00:00:00:00
  type= 0x0
>>>
```

图 1-8

第八步：对 eth 的各属性进行赋值，如图 1-9 所示。

```
>>> eth.dst = "22:22:22:22:22:22"
>>> eth.src = "11:11:11:11:11:11"
>>> eth.type = 0x0800
>>>
>>>
```

图 1-9

第九步：再次查看对象 eth 的各属性，如图 1-10 所示。

```
>>> eth.show()
###[ Ethernet ]###
  dst= 22:22:22:22:22:22
  src= 11:11:11:11:11:11
  type= 0x800
>>>
```

图 1-10

第十步：启动 Wireshark 协议分析程序，并设置捕获过滤条件，如图 1-11 所示。

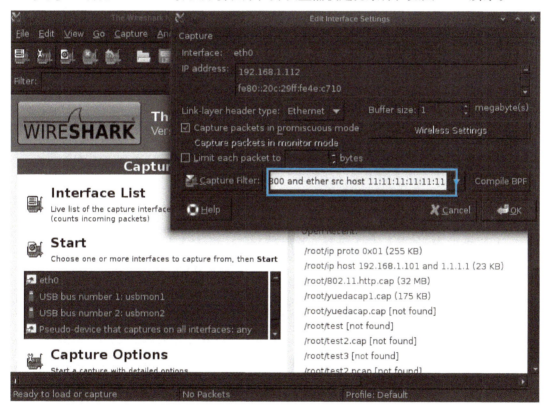

图 1-11

过滤条件：

Ether proto 0x0800 and ether src host 11:11:11:11:11:11

第十一步：启动 Wireshark，如图 1-12 所示。

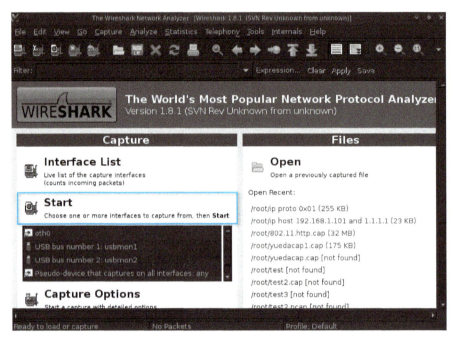

图 1-12

第十二步：将对象 eth 通过 sendp 函数发送，如图 1-13 所示。

图 1-13

第十三步：查看 Wireshark 捕获的对象 eth 中的各个属性，如图 1-14 所示。

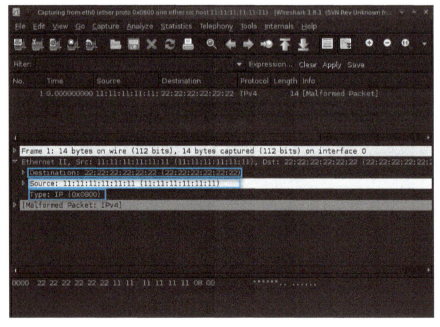

图 1-14

1.3 地址解析协议

1.3.1 地址解析协议基础知识

地址解析协议（Address Resolution Protocol，ARP）分组的格式如图 1-15 所示。

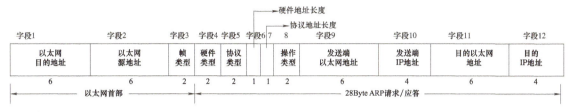

图 1-15

字段 1 是 ARP 请求的以太网目的地址，全 1 时代表广播地址。

字段 2 是发送 ARP 请求的以太网源地址。

字段 3 是以太网帧类型，表示的是后面的数据类型，ARP 请求和 ARP 应答时这个值为 0x0806。

字段 4 表示硬件地址的类型，硬件地址不只有以太网一种，值为 1 时为以太网类型。

字段 5 表示要映射的协议地址的类型，要对 IPv4 地址进行映射时，此值为 0x0800。

字段 6 和 7 表示硬件地址长度和协议地址长度，MAC 地址占 6Byte，IP 地址占 4Byte。

字段 8 是操作类型字段，值为 1 表示进行 ARP 请求；值为 2 表示进行 ARP 应答；值为 3 表示进行 RARP 请求；值为 4 表示进行 RARP 应答。

字段 9 是发送端 ARP 请求或应答的以太网（MAC）地址，和字段 2 相同。

字段 10 是发送 ARP 请求或应答的协议（IP）地址。

字段 11 和 12 是目的端的以太网地址和协议地址。

图 1-16 和图 1-17 分别是 ARP 请求和相应的 ARP 应答的分组格式截图。

ARP 请求分组中，字段 11 目的 MAC 地址未知，用全 0 进行填充，如图 1-16 所示。

```
▲ Ethernet II, Src: IntelCor_27:54:e3 (94:65:9c:27:54:e3), Dst: Broadcast (ff:ff:ff:ff:ff:ff)
    ▷ Destination: Broadcast (ff:ff:ff:ff:ff:ff)      为获得某个IP地址的MAC地址，先进行广播
    ▷ Source: IntelCor_27:54:e3 (94:65:9c:27:54:e3)
      Type: ARP (0x0806)
▲ Address Resolution Protocol (request)
      Hardware type: Ethernet (1)
      Protocol type: IPv4 (0x0800)
      Hardware size: 6
      Protocol size: 4
      Opcode: request (1)
      Sender MAC address: IntelCor_27:54:e3 (94:65:9c:27:54:e3)
      Sender IP address: 192.168.1.101
      Target MAC address: 00:00:00_00:00:00 (00:00:00:00:00:00)     广播时全0，未填充
      Target IP address: 192.168.1.1                                因为此时还不知道目的MAC地址
```

图 1-16

ARP 应答分组中，将 ARP 请求中的源和目的地址进行交换，此外，变化的还有字段 8 操作类型（Opcode），其余字段内容不会发生变化，如图 1-17 所示。

```
▲ Ethernet II, Src: Shenzhen_0c:8d:62 (8c:f2:28:0c:8d:62), Dst: IntelCor_27:54:e3 (94:65:9c:27:54:e3)
    ▷ Destination: IntelCor_27:54:e3 (94:65:9c:27:54:e3)        ARP请求中的源地址变为ARP应答中的目的地址
    ▷ Source: Shenzhen_0c:8d:62 (8c:f2:28:0c:8d:62)
      Type: ARP (0x0806)
▲ Address Resolution Protocol (reply)
      Hardware type: Ethernet (1)
      Protocol type: IPv4 (0x0800)
      Hardware size: 6
      Protocol size: 4
      Opcode: reply (2)
      Sender MAC address: Shenzhen_0c:8d:62 (8c:f2:28:0c:8d:62)
      Sender IP address: 192.168.1.1
      Target MAC address: IntelCor_27:54:e3 (94:65:9c:27:54:e3)
      Target IP address: 192.168.1.101
```

图 1-17

1.3.2 实训：运用 Python 实现地址解析协议

1. 实训说明

为了理解地址解析协议的工作原理，可以利用 Python 解释器实现地址解析协议。

2. 实训环境

主机 A 操作系统：Ubuntu Linux 32bit；
主机 A 工具集：Backtrack5；
主机 B 操作系统：CentOS Linux 32bit。

3. 实训步骤

第一步：为各主机配置 IP 地址，如图 1-18 和图 1-19 所示。

Ubuntu Linux：
IPA：192.168.1.112/24

```
root@bt:~# ifconfig eth0 192.168.1.112 netmask 255.255.255.0
root@bt:~# ifconfig
eth0      Link encap:Ethernet  HWaddr 00:0c:29:4e:c7:10
          inet addr:192.168.1.112  Bcast:192.168.1.255  Mask:255.255.255.0
          inet6 addr: fe80::20c:29ff:fe4e:c710/64 Scope:Link
          UP BROADCAST RUNNING MULTICAST  MTU:1500  Metric:1
          RX packets:311507 errors:0 dropped:0 overruns:0 frame:0
          TX packets:281506 errors:0 dropped:0 overruns:0 carrier:0
          collisions:0 txqueuelen:1000
          RX bytes:21621597 (21.6 MB)  TX bytes:62822798 (62.8 MB)
```

图 1-18

CentOS Linux：
IPB：192.168.1.100/24

```
[root@localhost ~]# ifconfig eth0 192.168.1.100 netmask 255.255.255.0
[root@localhost ~]# ifconfig
eth0      Link encap:Ethernet  HWaddr 00:0C:29:A0:3E:A2
          inet addr:192.168.1.100  Bcast:192.168.1.255  Mask:255.255.255.0
          inet6 addr: fe80::20c:29ff:fea0:3ea2/64 Scope:Link
          UP BROADCAST RUNNING MULTICAST  MTU:1500  Metric:1
          RX packets:35532 errors:0 dropped:0 overruns:0 frame:0
          TX packets:27052 errors:0 dropped:0 overruns:0 carrier:0
          collisions:0 txqueuelen:1000
          RX bytes:9413259 (8.9 MiB)  TX bytes:1836269 (1.7 MiB)
          Interrupt:59 Base address:0x2000
```

图 1-19

第1章 网络协议分析与实现

第二步：从渗透测试主机开启 Python 解释器，如图 1-20 所示。

```
root@bt:~# python3.3
Python 3.3.2 (default, Jul  1 2013, 16:37:01)
[GCC 4.4.3] on linux
Type "help", "copyright", "credits" or "license" for more information.
```

图 1-20

第三步：在渗透测试主机 Python 解释器中导入 Scapy 库，如图 1-21 所示。

```
Type "help", "copyright", "credits" or "license" for more information.
>>> from scapy.all import *
WARNING: No route found for IPv6 destination :: (no default route?). This affects only
 IPv6
>>>
```

图 1-21

第四步：查看 Scapy 库中支持的类，如图 1-22 所示。

```
>>> ls()
ARP              : ARP
ASN1_Packet      : None
BOOTP            : BOOTP
CookedLinux      : cooked linux
DHCP             : DHCP options
DHCP6            : DHCPv6 Generic Message)
DHCP6OptAuth     : DHCP6 Option - Authentication
DHCP6OptBCMCSDomains : DHCP6 Option - BCMCS Domain Name List
DHCP6OptBCMCSServers : DHCP6 Option - BCMCS Addresses List
DHCP6OptClientFQDN : DHCP6 Option - Client FQDN
DHCP6OptClientId : DHCP6 Client Identifier Option
DHCP6OptDNSDomains : DHCP6 Option - Domain Search List option
DHCP6OptDNSServers : DHCP6 Option - DNS Recursive Name Server
DHCP6OptElapsedTime : DHCP6 Elapsed Time Option
DHCP6OptGeoConf  :
DHCP6OptIAAddress : DHCP6 IA Address Option (IA_TA or IA_NA suboption)
```

图 1-22

第五步：在 Scapy 库支持的类中找到 Ethernet 类，如图 1-23 所示。

```
Dot11ReassoReq   : 802.11 Reassociation Request
Dot11ReassoResp  : 802.11 Reassociation Response
Dot11WEP         : 802.11 WEP packet
Dot1Q            : 802.1Q
Dot3             : 802.3
EAP              : EAP
EAPOL            : EAPOL
Ether            : Ethernet
GPRS             : GPRSdummy
GRE              : GRE
HAO              : Home Address Option
HBHOptUnknown    : Scapy6 Unknown Option
HCI_ACL_Hdr      : HCI ACL header
HCI_Hdr          : HCI header
HDLC             : None
HSRP             : HSRP
ICMP             : ICMP
ICMPerror        : ICMP in ICMP
```

图 1-23

第六步：实例化 Ethernet 类的一个对象，对象的名称为 eth，如图 1-24 所示。

15

```
>>>
>>> eth = Ether()
>>>
```

图 1-24

第七步：查看对象 eth 的各属性，如图 1-25 所示。

```
>>> eth.show()
###[ Ethernet ]###
WARNING: Mac address to reach destination not found. Using broadcast.
  dst= ff:ff:ff:ff:ff:ff
  src= 00:00:00:00:00:00
  type= 0x0
>>>
```

图 1-25

第八步：实例化 ARP 类的一个对象，对象的名称为 arp，如图 1-26 所示。

```
>>>
>>> arp = ARP()
```

图 1-26

第九步：构造对象 eth 和 arp 的复合数据类型 packet，并查看 packet 各属性，如图 1-27 和图 1-28 所示。

```
>>> packet = eth/arp
```

图 1-27

```
>>> packet.show()
###[ Ethernet ]###
WARNING: No route found (no default route?)
  dst= ff:ff:ff:ff:ff:ff
WARNING: No route found (no default route?)
  src= 00:00:00:00:00:00
  type= 0x806
###[ ARP ]###
     hwtype= 0x1
     ptype= 0x800
     hwlen= 6
     plen= 4
     op= who-has
WARNING: more No route found (no default route?)
     hwsrc= 00:00:00:00:00:00
     psrc= 0.0.0.0
     hwdst= 00:00:00:00:00:00
     pdst= 0.0.0.0
```

图 1-28

第十步：导入 os 模块，执行命令查看本地 OS（操作系统）的 IP 地址，如图 1-29 和图 1-30 所示。

```
>>> import os
```

图 1-29

```
>>> import os
>>> os.system("ifconfig")
eth0      Link encap:Ethernet  HWaddr 00:0c:29:4e:c7:10
          inet addr:192.168.1.13  Bcast:192.168.1.255  Mask:255.255.255.0
```

图 1-30

第十一步：将本地 OS 的 IP 地址赋值给 packet[ARP].psrc，如图 1-31 所示。

```
0
>>> packet[ARP].psrc = "192.168.1.112"
>>> packet.show()
```

图 1-31

第十二步：将 CentOS 靶机的 IP 地址赋值给 packet[ARP].pdst，如图 1-32 所示。

```
>>> packet[ARP].pdst = "192.168.1.100"
>>>
```

图 1-32

第十三步：将广播地址赋值给 packet.dst 并验证，如图 1-33 所示。

```
>>> packet.dst = "ff:ff:ff:ff:ff:ff"
>>> packet.show()
###[ Ethernet ]###
  dst= ff:ff:ff:ff:ff:ff
  src= 00:0c:29:4e:c7:10
  type= 0x806
###[ ARP ]###
     hwtype= 0x1
     ptype= 0x800
     hwlen= 6
     plen= 4
     op= who-has
     hwsrc= 00:0c:29:4e:c7:10
     psrc= 192.168.1.112
     hwdst= 00:00:00:00:00:00
     pdst= 192.168.1.100
>>>
```

图 1-33

第十四步：打开 Wireshark，设置捕获过滤条件并启动抓包进程，如图 1-34 所示。

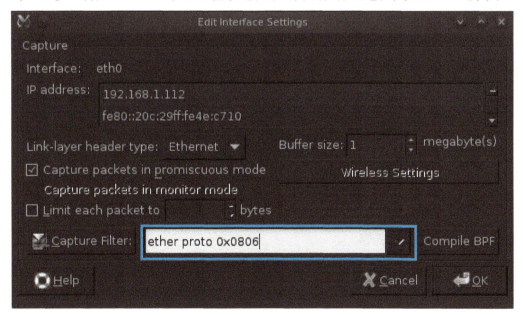

图 1-34

第十五步：将 packet 对象进行发送，如图 1-35 所示。

```
>>> sendp(packet)
.
Sent 1 packets.
>>>
```

图 1-35

第十六步：通过 Wireshark 查看 ARP 请求对象并对照预备知识进行分析，如图 1-36 所示。

```
▷ Frame 40: 42 bytes on wire (336 bits), 42 bytes captured (336 bits) on interface 0
▽ Ethernet II, Src: Vmware_4e:c7:10 (00:0c:29:4e:c7:10), Dst: Broadcast (ff:ff:ff:ff:ff:ff)
  ▷ Destination: Broadcast (ff:ff:ff:ff:ff:ff)
  ▷ Source: Vmware_4e:c7:10 (00:0c:29:4e:c7:10)
    Type: ARP (0x0806)
▽ Address Resolution Protocol (request)
    Hardware type: Ethernet (1)
    Protocol type: IP (0x0800)
    Hardware size: 6
    Protocol size: 4
    Opcode: request (1)
    Sender MAC address: Vmware_4e:c7:10 (00:0c:29:4e:c7:10)
    Sender IP address: 192.168.1.112 (192.168.1.112)
    Target MAC address: 00:00:00_00:00:00 (00:00:00:00:00:00)
    Target IP address: 192.168.1.100 (192.168.1.100)
```

图 1-36

第十七步：通过 Wireshark 查看 ARP 回应对象并对照基础知识进行分析，如图 1-37 所示。

```
▽ Ethernet II, Src: Vmware_78:c0:e4 (00:0c:29:78:c0:e4), Dst: Vmware_4e:c7:10 (00:0c:29:4e:c7:10
  ▷ Destination: Vmware_4e:c7:10 (00:0c:29:4e:c7:10)
  ▷ Source: Vmware_78:c0:e4 (00:0c:29:78:c0:e4)
    Type: ARP (0x0806)
    Padding: 000000000000000000000000000000000000
▽ Address Resolution Protocol (reply)
    Hardware type: Ethernet (1)
    Protocol type: IP (0x0800)
    Hardware size: 6
    Protocol size: 4
    Opcode: reply (2)
    Sender MAC address: Vmware_78:c0:e4 (00:0c:29:78:c0:e4)
    Sender IP address: 192.168.1.100 (192.168.1.100)
    Target MAC address: Vmware_4e:c7:10 (00:0c:29:4e:c7:10)
    Target IP address: 192.168.1.112 (192.168.1.112)
```

图 1-37

1.4 网际互联协议

1.4.1 网际互联协议基础知识

网际互联协议（Internet Protocol，IP）的分组格式如图 1-38 所示。

第 1 章 网络协议分析与实现

图 1-38

（1）版本 占 4 位（bit），表示 IP 的版本。通信双方使用的 IP 版本必须一致，目前广泛使用的 IP 版本号为 4（即 IPv4）。

（2）首部长度 占 4 位，可表示的最大十进制数是 15。请注意，这个字段每一位所表示的数据长度是 32 位字长（即 4Byte），因此，当 IP 的首部长度数值为 1111 时（即十进制的 15），表示的首部长度就达到 60Byte。当 IP 分组的首部长度不是 4Byte 的整数倍时，必须利用最后的填充字段加以填充。因此数据部分永远在 4Byte 的整数倍开始，这样在实现 IP 时较为方便。首部长度限制为 60Byte 的缺点是有时可能不够用，但这样做可以使用户尽量减少开销。最常用的首部长度是 20Byte（即首部长度为 0101），这时不使用任何选项。

（3）区分服务 占 8 位，用来获得更好的服务。这个字段在旧标准中叫作服务类型，但实际上一直没有被使用过。1998 年 IETF 把这个字段改名为区分服务 DS（Differentiated Services）。只有在使用区分服务时，这个字段才起作用。

（4）总长度 占 16 位，总长度是首部和数据的长度之和。它所表示的数据报长度单位为 Byte，因此数据报的最大长度为 $2^{16}-1=65535$Byte。

IP 层下面的每一种数据链路层都有自己的帧格式，其中包括帧格式中的数据字段的最大长度，被称为最大传送单元 MTU（Maximum Transfer Unit）。当一个数据报封装成链路层的帧时，此数据报的总长度（即首部加上数据部分）一定不能超过下面的数据链路层的 MTU 值。

（5）标识 占 16 位。IP 软件会在存储器中维持一个计数器，每产生一个数据报，计数器就加 1，并将此值赋给标识字段。但这个"标识"并不是序号，因为 IP 是无连接服务，数据报不存在按序接收的问题。当数据报由于长度超过网络的 MTU 而必须分片时，这个标识字段的值就被复制到所有的数据报的标识字段中。相同标识字段的值使分片后的各数据报片最后能正确地重装为原来的数据报。

（6）标志 占 3 位，但目前只有 2 位有意义。

• 标志字段中的最低位记为 MF（More Fragment）。MF=1 即表示后面还有分片的数据报。MF=0 表示这已是若干数据报片中的最后一个。

• 标志字段中间的一位记为 DF（Don't Fragment），意思是"不能分片"。只有当 DF=0 时才允许分片。

（7）片偏移　占13位。片偏移指出了较长的分组在分片后，分片在原分组中的相对位置，即该片相对于用户数据字段的起点所处的位置。片偏移以8Byte为偏移单位，这就是说，每个分片的长度一定是8Byte（64bit）的整数倍。

（8）生存时间　占8位，生存时间字段常用的英文缩写是TTL（Time To Live），表明数据报在网络中的寿命。这个字段由发出数据报的源点进行设置，其目的是防止无法交付的数据报无限制地在互联网中兜圈子，而白白消耗了网络资源。最初的设计是以秒（s）作为单位，每经过一个路由器就把TTL的值减去数据报在路由器消耗掉的时间。若数据报在路由器消耗的时间小于1s，就把TTL的值减1；当TTL的值为0时，就丢弃这个数据报。后来TTL字段的功能被改为"跳数限制"（但名称不变），路由器在转发数据报之前就把TTL的值减1；若TTL的值减少到0，就丢弃这个数据报，不再转发。因此，现在TTL的单位不再是s，而是跳数。TTL的意义是指明数据报在网络中最多可经过的路由器数，这个数的最大值是255。若把TTL的初始值设为1，则表示这个数据报只能在本局域网中传送。

（9）协议　占8位，协议字段指出此数据报携带的数据所使用的协议，以便使目的主机的IP层知道应将数据部分上交给哪个处理过程。

（10）首部检验和　占16位，这个字段只检验数据报的首部，不包括数据部分。这是因为数据报每经过一个路由器，路由器都要重新计算一下首部检验和（一些字段，如生存时间、标志、片偏移等都可能发生变化），不检验数据部分可减少计算的工作量。

1.4.2 实训：运用Python实现网际互联协议

1. 实训说明

为了理解网际互联协议的工作原理，可以利用Python解释器实现网际互联协议。

2. 实训环境

主机A操作系统：Ubuntu Linux 32bit；
主机A工具集：Backtrack5；
主机B操作系统：CentOS Linux 32bit。

3. 实训步骤

第一步：为各主机配置IP地址，如图1-39和图1-40所示。

Ubuntu Linux：
IPA：192.168.1.112/24

```
root@bt:~# ifconfig eth0 192.168.1.112 netmask 255.255.255.0
root@bt:~# ifconfig
eth0      Link encap:Ethernet  HWaddr 00:0c:29:4e:c7:10
          inet addr:192.168.1.112  Bcast:192.168.1.255  Mask:255.255.255.0
          inet6 addr: fe80::20c:29ff:fe4e:c710/64 Scope:Link
          UP BROADCAST RUNNING MULTICAST  MTU:1500  Metric:1
          RX packets:311507 errors:0 dropped:0 overruns:0 frame:0
          TX packets:281506 errors:0 dropped:0 overruns:0 carrier:0
          collisions:0 txqueuelen:1000
          RX bytes:21621597 (21.6 MB)  TX bytes:62822798 (62.8 MB)
```

图1-39

CentOS Linux：
IPB：192.168.1.100/24

```
[root@localhost ~]# ifconfig eth0 192.168.1.100 netmask 255.255.255.0
[root@localhost ~]# ifconfig
eth0      Link encap:Ethernet  HWaddr 00:0C:29:A0:3E:A2
          inet addr:192.168.1.100  Bcast:192.168.1.255  Mask:255.255.255.0
          inet6 addr: fe80::20c:29ff:fea0:3ea2/64 Scope:Link
          UP BROADCAST RUNNING MULTICAST  MTU:1500  Metric:1
          RX packets:35532 errors:0 dropped:0 overruns:0 frame:0
          TX packets:27052 errors:0 dropped:0 overruns:0 carrier:0
          collisions:0 txqueuelen:1000
          RX bytes:9413259 (8.9 MiB)  TX bytes:1836269 (1.7 MiB)
          Interrupt:59 Base address:0x2000
```

图 1-40

第二步：从渗透测试主机开启 Python 解释器，如图 1-41 所示。

```
root@bt:~# python3.3
Python 3.3.2 (default, Jul  1 2013, 16:37:01)
[GCC 4.4.3] on linux
Type "help", "copyright", "credits" or "license" for more information.
```

图 1-41

第三步：在渗透测试主机 Python 解释器中导入 Scapy 库，如图 1-42 所示。

```
Type "help", "copyright", "credits" or "license" for more information.
>>> from scapy.all import *
WARNING: No route found for IPv6 destination :: (no default route?)
>>>
```

图 1-42

第四步：查看 Scapy 库中支持的类，如图 1-43 所示。

```
>>> ls()
ARP              : ARP
ASN1_Packet      : None
BOOTP            : BOOTP
CookedLinux      : cooked linux
DHCP             : DHCP options
DHCP6            : DHCPv6 Generic Message)
DHCP6OptAuth     : DHCP6 Option - Authentication
DHCP6OptBCMCSDomains : DHCP6 Option - BCMCS Domain Name List
DHCP6OptBCMCSServers : DHCP6 Option - BCMCS Addresses List
DHCP6OptClientFQDN   : DHCP6 Option - Client FQDN
DHCP6OptClientId     : DHCP6 Client Identifier Option
DHCP6OptDNSDomains   : DHCP6 Option - Domain Search List option
DHCP6OptDNSServers   : DHCP6 Option - DNS Recursive Name Server
DHCP6OptElapsedTime  : DHCP6 Elapsed Time Option
DHCP6OptGeoConf      :
DHCP6OptIAAddress    : DHCP6 IA Address Option (IA_TA or IA_NA suboption)
```

图 1-43

第五步：在 Scapy 库支持的类中找到 Ethernet 类，如图 1-44 所示。

```
Dot11ReassoReq  : 802.11 Reassociation Request
Dot11ReassoResp : 802.11 Reassociation Response
Dot11WEP        : 802.11 WEP packet
Dot1Q           : 802.1Q
Dot3            : 802.3
EAP             : EAP
EAPOL           : EAPOL
Ether           : Ethernet
GPRS            : GPRSdummy
GRE             : GRE
HAO             : Home Address Option
HBHOptUnknown   : Scapy6 Unknown Option
HCI_ACL_Hdr     : HCI ACL header
HCI_Hdr         : HCI header
HDLC            : None
HSRP            : HSRP
ICMP            : ICMP
ICMPerror       : ICMP in ICMP
```

图 1-44

第六步：实例化 Ethernet 类的一个对象，对象的名称为 eth，如图 1-45 所示。

```
>>>
>>> eth = Ether()
>>>
```

图 1-45

第七步：查看对象 eth 的各属性，如图 1-46 所示。

```
>>> eth.show()
###[ Ethernet ]###
WARNING: Mac address to reach destination not found. Using broadcast.
  dst= ff:ff:ff:ff:ff:ff
  src= 00:00:00:00:00:00
  type= 0x0
>>>
```

图 1-46

第八步：实例化 IP 类的一个对象，对象的名称为 ip，并查看对象 ip 的各个属性，如图 1-47 所示。

```
>>> ip = IP()
>>> ip.show()
###[ IP ]###
  version= 4
  ihl= None
  tos= 0x0
  len= None
  id= 1
  flags=
  frag= 0
  ttl= 64
  proto= ip
  chksum= 0x0
  src= 127.0.0.1
  dst= 127.0.0.1
  options= ''
>>>
```

图 1-47

第九步：构造对象 eth、对象 ip 的复合数据类型 packet，并查看对象 packet 的各个属性，如图 1-48 所示。

```
>>> packet = eth/ip
>>> packet.show()
###[ Ethernet ]###
  dst= ff:ff:ff:ff:ff:ff
  src= 00:00:00:00:00:00
  type= 0x800
###[ IP ]###
     version= 4
     ihl= None
     tos= 0x0
     len= None
     id= 1
     flags=
     frag= 0
     ttl= 64
     proto= ip
     chksum= 0x0
     src= 127.0.0.1
     dst= 127.0.0.1
     options= ''
>>>
```

图 1-48

第十步：将本地 OS（操作系统）的 IP 地址赋值给 packet[IP].src，如图 1-49 所示。

```
>>> import os
>>> os.system("ifconfig")
eth0      Link encap:Ethernet  HWaddr 00:0c:29:4e:c7:10
          inet addr:192.168.1.112  Bcast:192.168.1.255  Mask:255.255.255.0
          inet6 addr: fe80::20c:29ff:fe4e:c710/64 Scope:Link
          UP BROADCAST RUNNING MULTICAST  MTU:1500  Metric:1
          RX packets:81582235 errors:86 dropped:0 overruns:0 frame:0
          TX packets:332003 errors:0 dropped:0 overruns:0 carrier:0
          collisions:0 txqueuelen:1000
          RX bytes:2026633248 (2.0 GB)  TX bytes:66581679 (66.5 MB)
          Interrupt:19 Base address:0x2000

lo        Link encap:Local Loopback
          inet addr:127.0.0.1  Mask:255.0.0.0
          inet6 addr: ::1/128 Scope:Host
          UP LOOPBACK RUNNING  MTU:16436  Metric:1
          RX packets:175921 errors:0 dropped:0 overruns:0 frame:0
          TX packets:175921 errors:0 dropped:0 overruns:0 carrier:0
          collisions:0 txqueuelen:0
          RX bytes:52449906 (52.4 MB)  TX bytes:52449906 (52.4 MB)

0
>>> packet[IP].src = "192.168.1.112"
>>>
```

图 1-49

第十一步：将 CentOS 操作系统的靶机 IP 地址赋值给 packet[IP].dst，并查看对象 packet 的各个属性，如图 1-50 所示。

```
>>> packet[IP].dst = "192.168.1.100"
>>> packet.show()
###[ Ethernet ]###
  dst= 00:0c:29:78:c0:e4
  src= 00:0c:29:4e:c7:10
  type= 0x800
###[ IP ]###
     version= 4
     ihl= None
     tos= 0x0
     len= None
     id= 1
     flags=
     frag= 0
     ttl= 64
     proto= ip
     chksum= 0x0
     src= 192.168.1.112
     dst= 192.168.1.100
     options= ''
>>>
```

图 1-50

第十二步：打开 Wireshark 工具，并设置过滤条件，如图 1-51 所示。

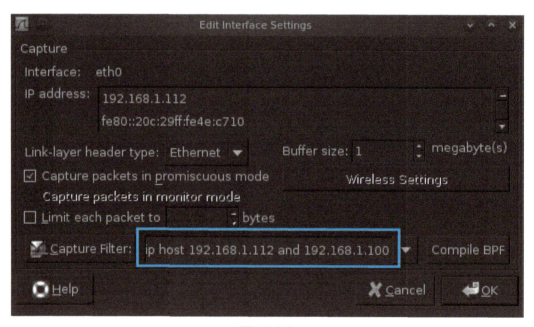

图 1-51

第十三步：通过 sendp 函数发送 packet 对象，如图 1-52 所示。

```
>>> sendp(packet)
.
Sent 1 packets.
>>>
```

图 1-52

第十四步：对照基础知识，对 Wireshark 捕获到的 packet 对象进行分析，如图 1-53 所示。

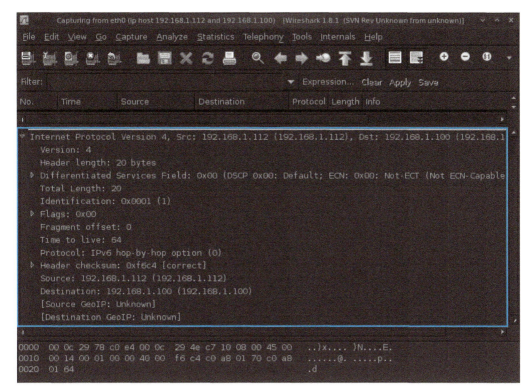

图 1-53

1.5 网际控制报文协议

1.5.1 网际控制报文协议基础知识

网际控制报文协议（Internet Control Message Protocol，ICMP）的分组格式如图1-54所示。

图 1-54

各种 ICMP 报文的前 32bit 都是 3 个长度固定的字段：type 类型字段（8bit）、code 代码字段（8bit）、checksum 校验和字段（16bit）。

8bit 类型和 8bit 代码字段一起决定了 ICMP 报文的类型。常见的有：

类型值（十进制）为 8、代码值（十进制）为 0：回送请求。
类型值（十进制）为 0、代码值（十进制）为 0：回送应答。
类型值（十进制）为 11、代码值（十进制）为 0：超时。

16bit 校验和字段包括了数据在内的整个 ICMP 数据包的校验和，其计算方法和 IP 首部校验和的计算方法相同。

ICMP 请求和应答报文的首部格式，如图 1-55 所示。

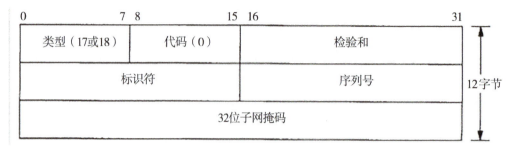

图 1-55

ICMP 请求和应答报文中包含 16bit 标识符字段，用于标识本 ICMP 进程；16bit 序列号字段，用于判断应答数据报。

ICMP 报文包含在 IP 数据报中，属于 IP 的一个用户，IP 的首部就在 ICMP 报文的前面，一个 ICMP 报文包括 IP 首部（20Byte）、ICMP 首部（8Byte）和 ICMP 报文，IP 首部的 Protocol 值为 1 就说明这是一个 ICMP 报文，ICMP 首部中的类型（type）域用于说明 ICMP 报文的作用及格式，此外还有代码（code）域用于详细说明某种 ICMP 报文的类型。

所有数据都在 ICMP 首部后面，RFC（Requst For Comments）定义了 13 种 ICMP 报文格式，见表 1-1。

表 1-1

类型代码	类型描述
0	响应应答（Echo-Reply）
3	不可到达
4	源抑制
5	重定向
8	响应请求（Echo-Request）
11	超时
12	参数失灵
13	时间戳请求
14	时间戳应答
15	信息请求（已作废）
16	信息应答（已作废）
17	地址掩码请求
18	地址掩码应答

1.5.2 实训：运用 Python 实现网际控制报文协议

1. 实训说明

为了理解网际控制报文协议的工作原理，可以利用 Python 解释器实现网际控制报文协议。

2. 实训环境

主机 A 操作系统：Ubuntu Linux 32bit；
主机 A 工具集：Backtrack5；
主机 B 操作系统：CentOS Linux 32bit。

3. 实训步骤

第一步：为各主机配置 IP 地址，如图 1-56 和图 1-57 所示。
Ubuntu Linux：
IPA：192.168.1.112/24

```
root@bt:~# ifconfig eth0 192.168.1.112 netmask 255.255.255.0
root@bt:~# ifconfig
eth0      Link encap:Ethernet  HWaddr 00:0c:29:4e:c7:10
          inet addr:192.168.1.112  Bcast:192.168.1.255  Mask:255.255.255.0
          inet6 addr: fe80::20c:29ff:fe4e:c710/64 Scope:Link
          UP BROADCAST RUNNING MULTICAST  MTU:1500  Metric:1
          RX packets:311507 errors:0 dropped:0 overruns:0 frame:0
          TX packets:281506 errors:0 dropped:0 overruns:0 carrier:0
          collisions:0 txqueuelen:1000
          RX bytes:21621597 (21.6 MB)  TX bytes:62822798 (62.8 MB)
```

图 1-56

CentOS Linux：
IPB：192.168.1.100/24

```
[root@localhost ~]# ifconfig eth0 192.168.1.100 netmask 255.255.255.0
[root@localhost ~]# ifconfig
eth0      Link encap:Ethernet  HWaddr 00:0C:29:A0:3E:A2
          inet addr:192.168.1.100  Bcast:192.168.1.255  Mask:255.255.255.0
          inet6 addr: fe80::20c:29ff:fea0:3ea2/64 Scope:Link
          UP BROADCAST RUNNING MULTICAST  MTU:1500  Metric:1
          RX packets:35532 errors:0 dropped:0 overruns:0 frame:0
          TX packets:27052 errors:0 dropped:0 overruns:0 carrier:0
          collisions:0 txqueuelen:1000
          RX bytes:9413259 (8.9 MiB)  TX bytes:1836269 (1.7 MiB)
          Interrupt:59 Base address:0x2000
```

图 1-57

第二步：从渗透测试主机开启 Python 解释器，如图 1-58 所示。

```
root@bt:~# python3.3
Python 3.3.2 (default, Jul  1 2013, 16:37:01)
[GCC 4.4.3] on linux
Type "help", "copyright", "credits" or "license" for more information.
```

图 1-58

第三步：在渗透测试主机 Python 解释器中导入 Scapy 库，如图 1-59 所示。

```
Type "help", "copyright", "credits" or "license" for more information.
>>> from scapy.all import *
WARNING: No route found for IPv6 destination :: (no default route?)
>>>
```

图 1-59

第四步：查看 Scapy 库中支持的类，如图 1-60 所示。

```
>>> ls()
ARP            : ARP
ASN1_Packet    : None
BOOTP          : BOOTP
CookedLinux    : cooked linux
DHCP           : DHCP options
DHCP6          : DHCPv6 Generic Message)
DHCP6OptAuth   : DHCP6 Option - Authentication
DHCP6OptBCMCSDomains : DHCP6 Option - BCMCS Domain Name List
DHCP6OptBCMCSServers : DHCP6 Option - BCMCS Addresses List
DHCP6OptClientFQDN : DHCP6 Option - Client FQDN
DHCP6OptClientId : DHCP6 Client Identifier Option
DHCP6OptDNSDomains : DHCP6 Option - Domain Search List option
DHCP6OptDNSServers : DHCP6 Option - DNS Recursive Name Server
DHCP6OptElapsedTime : DHCP6 Elapsed Time Option
DHCP6OptGeoConf
DHCP6OptIAAddress : DHCP6 IA Address Option (IA_TA or IA_NA suboption)
```

图 1-60

第五步：在 Scapy 库支持的类中找到 Ethernet 类，如图 1-61 所示。

```
Dot11ReassoReq  : 802.11 Reassociation Request
Dot11ReassoResp : 802.11 Reassociation Response
Dot11WEP        : 802.11 WEP packet
Dot1Q           : 802.1Q
Dot3            : 802.3
EAP             : EAP
EAPOL           : EAPOL
Ether           : Ethernet
GPRS            : GPRSdummy
GRE             : GRE
HAO             : Home Address Option
HBHOptUnknown   : Scapy6 Unknown Option
HCI_ACL_Hdr     : HCI ACL header
HCI_Hdr         : HCI header
HDLC            : None
HSRP            : HSRP
ICMP            : ICMP
ICMPerror       : ICMP in ICMP
```

图 1-61

第六步：实例化 Ethernet 类的一个对象，对象的名称为 eth，如图 1-62 所示。

```
>>>
>>> eth = Ether()
>>>
```

图 1-62

第七步：查看对象 eth 的各属性，如图 1-63 所示。

```
>>> eth.show()
###[ Ethernet ]###
WARNING: Mac address to reach destination not found. Using broadcast.
  dst= ff:ff:ff:ff:ff:ff
  src= 00:00:00:00:00:00
  type= 0x0
>>>
```

图 1-63

第八步：实例化 IP 类的一个对象，对象的名称为 ip，并查看对象 ip 的各个属性，如图 1-64 所示。

```
>>> ip = IP()
>>> ip.show()
###[ IP ]###
  version= 4
  ihl= None
  tos= 0x0
  len= None
  id= 1
  flags=
  frag= 0
  ttl= 64
  proto= ip
  chksum= 0x0
  src= 127.0.0.1
  dst= 127.0.0.1
  options= ''
>>>
```

图 1-64

第九步：实例化 ICMP 类的一个对象，对象的名称为 icmp，并查看对象 icmp 的各个属性，如图 1-65 所示。

```
>>> icmp = ICMP()
>>> icmp.show()
###[ ICMP ]###
  type= echo-request
  code= 0
  chksum= 0x0
  id= 0x0
  seq= 0x0
>>>
```

图 1-65

第十步：构造对象 eth、对象 ip、对象 icmp 的复合数据类型 packet，并查看对象 packet 的各个属性，如图 1-66 所示。

```
>>> packet = eth/ip/icmp
>>> packet.show()
###[ Ethernet ]###
  dst= ff:ff:ff:ff:ff:ff
  src= 00:00:00:00:00:00
  type= 0x800
###[ IP ]###
     version= 4
     ihl= None
     tos= 0x0
     len= None
     id= 1
     flags=
     frag= 0
     ttl= 64
     proto= icmp
     chksum= 0x0
     src= 127.0.0.1
     dst= 127.0.0.1
     options= ''
###[ ICMP ]###
        type= echo-request
        code= 0
        chksum= 0x0
        id= 0x0
        seq= 0x0
>>>
```

图 1-66

第十一步：将本地 OS（操作系统）IP 地址赋值给 packet[IP].src，如图 1-67 所示。

```
>>> import os
>>> os.system("ifconfig")
eth0      Link encap:Ethernet  HWaddr 00:0c:29:4e:c7:10
          inet addr:192.168.1.112  Bcast:192.168.1.255  Mask:255.255.255.0
          inet6 addr: fe80::20c:29ff:fe4e:c710/64 Scope:Link
          UP BROADCAST RUNNING MULTICAST  MTU:1500  Metric:1
          RX packets:81582235 errors:86 dropped:0 overruns:0 frame:0
          TX packets:332003 errors:0 dropped:0 overruns:0 carrier:0
          collisions:0 txqueuelen:1000
          RX bytes:2026633248 (2.0 GB)  TX bytes:66581679 (66.5 MB)
          Interrupt:19 Base address:0x2000

lo        Link encap:Local Loopback
          inet addr:127.0.0.1  Mask:255.0.0.0
          inet6 addr: ::1/128 Scope:Host
          UP LOOPBACK RUNNING  MTU:16436  Metric:1
          RX packets:175921 errors:0 dropped:0 overruns:0 frame:0
          TX packets:175921 errors:0 dropped:0 overruns:0 carrier:0
          collisions:0 txqueuelen:0
          RX bytes:52449906 (52.4 MB)  TX bytes:52449906 (52.4 MB)

0
>>> packet[IP].src = "192.168.1.112"
>>>
```

图 1-67

第十二步：将 CentOS 操作系统靶机 IP 地址赋值给 packet[IP].dst，并查看对象 packet 的各个属性，如图 1-68 所示。

```
>>> packet[IP].dst = "192.168.1.100"
>>> packet.show()
###[ Ethernet ]###
  dst= 00:0c:29:78:c0:e4
  src= 00:0c:29:4e:c7:10
  type= 0x800
###[ IP ]###
     version= 4
     ihl= None
     tos= 0x0
     len= None
     id= 1
     flags=
     frag= 0
     ttl= 64
     proto= icmp
     chksum= 0x0
     src= 192.168.1.112
     dst= 192.168.1.100
     options= ''
###[ ICMP ]###
        type= echo-request
        code= 0
        chksum= 0x0
        id= 0x0
        seq= 0x0
```

图 1-68

第十三步：打开 Wireshark 工具，并设置过滤条件，如图 1-69 所示。

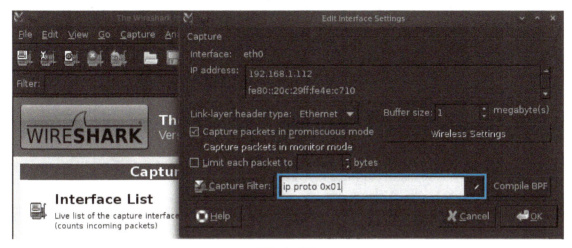

图 1-69

第十四步：通过 sendp 函数发送 packet 对象，如图 1-70 所示。

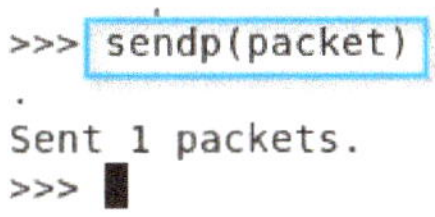

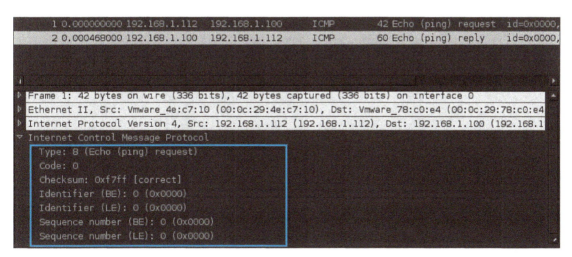

图 1-70

第十五步：对照基础知识，对 Wireshark 捕获到的 packet 对象进行分析，如图 1-71 和图 1-72 所示。

图 1-71

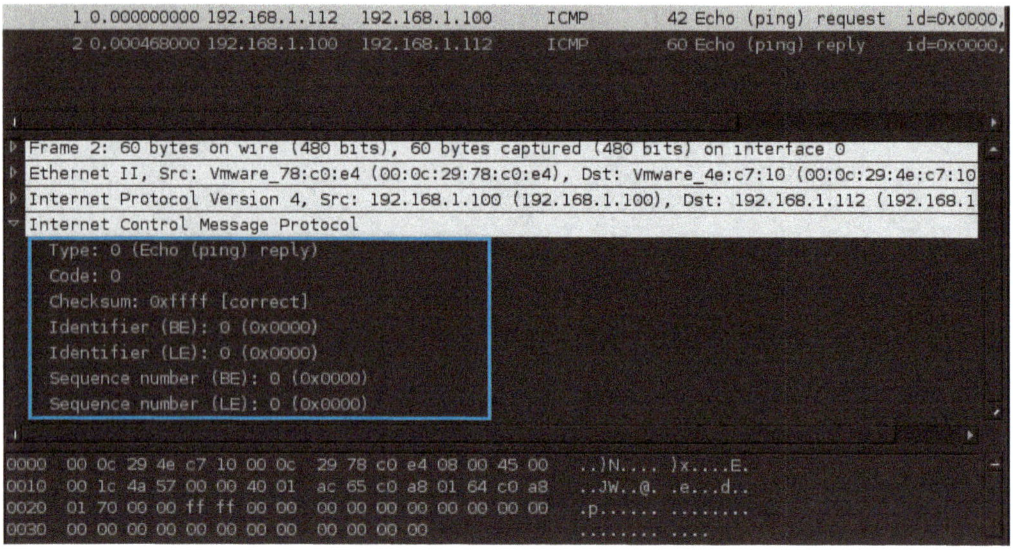

图 1-72

第十六步：修改 packet[ICMP].id 和 packet[ICMP].seq 的值，再次通过 sendp 函数将 packet 对象发送，如图 1-73 所示。

```
>>> packet[ICMP].id = 0x1
>>> packet[ICMP].seq = 0x2
>>> sendp(packet)
.
Sent 1 packets.
>>>
```

图 1-73

第十七步：对照基础知识，对 Wireshark 捕获到的 packet 对象进行分析，对比第十五步分析的结果，如图 1-74 和图 1-75 所示。

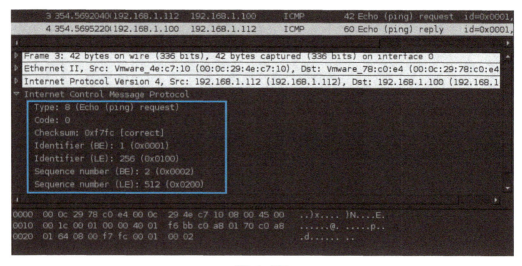

图 1-74

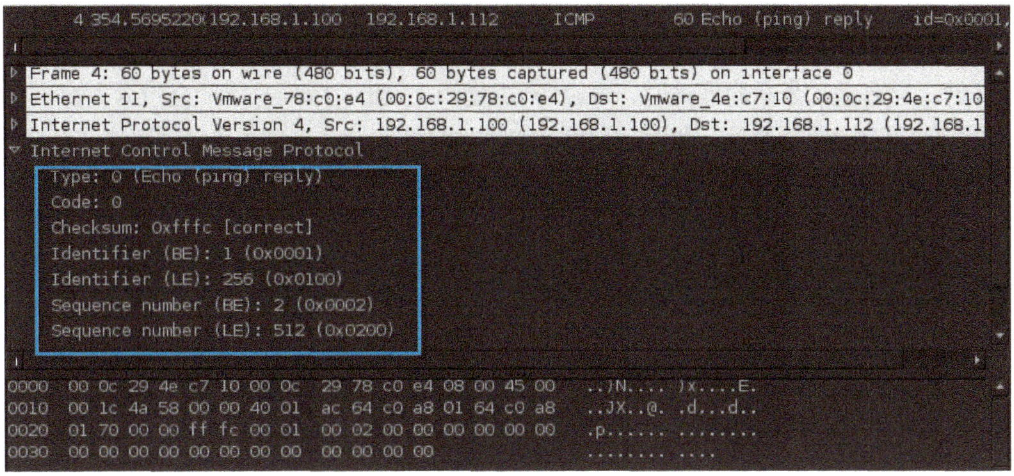

第 1 章　网络协议分析与实现

图 1-75

1.6 传输控制协议

1.6.1 传输控制协议基础知识

传输控制协议（Transmission Control Protocol，TCP）的分组格式如图 1-76 所示。

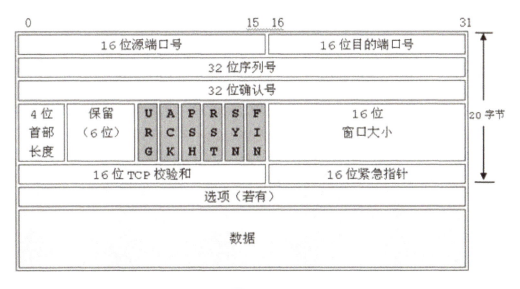

图 1-76

源端口号（16 位）：它（连同源主机 IP 地址）标识源主机的一个应用进程。

目的端口号（16 位）：它（连同目的主机 IP 地址）标识目的主机的一个应用进程。这两个值加上 IP 首部中的源主机 IP 地址和目的主机 IP 地址唯一确定一个 TCP 连接。

序列号（32 位）：用来标识从 TCP 源端向 TCP 目的端发送的数据字节流，它表示在这个报文段中的第一个数据字节的顺序号。如果将字节流看作在两个应用程序间的单向流动，则 TCP 用序列号对每个字节进行计数。序列号是 32bit 的无符号数，它的值到达 232-1 后又从 0 开始。当建立一个新的连接时，SYN 标志变为 1，此时序列号字段会包含由这个主机所选择连接的初始序列号 ISN（Initial Sequence Number）。

确认号（32 位）：包含发送确认的一端所期望收到的下一个序列号，因此，确认号应当是上次已成功收到数据字节序列号加 1。只有 ACK 标志为 1 时确认号字段才有效。TCP 为应用层提供全双工服务，这意味数据能在两个方向上独立地进行传输。因此，连接的每一端必须保持每个方向上的传输数据序列号。

首部长度（4 位）：给出首部中所占字节的数目，它实际上是为了指明数据从哪里开始。需要这个值是因为任选字段的长度是可变的，这个字段占 4bit，因此 TCP 最多有 60Byte 的首部，没有任选字段时的正常的长度是 20Byte。

保留位（6 位）：保留给将来使用，目前必须置为 0。

控制位（Control Flags，6 位）：在 TCP 首部中有 6 个标志位（它们中的多个可同时被设置为 1），依次为：

URG：为 1 表示紧急指针有效，为 0 则忽略紧急指针值。

ACK：为 1 表示确认号有效，为 0 表示报文中不包含确认信息，忽略确认号字段。

PSH：为 1 表示是带有 PUSH 标志的数据，指示接收方应该尽快将这个报文段交给应用层而不用等待缓冲区装满。

RST：用于复位由于主机崩溃或其他原因而出现的错误连接，还可以用于拒绝非法的报文段和连接请求。一般情况下，如果收到一个 RST 为 1 的报文，那么一定发生了某些问题。

SYN：同步序号，为 1 表示连接请求，用于建立连接和使序列号同步。

FIN：用于释放连接，为 1 表示发送方已经没有数据发送了，即关闭本方数据流。

窗口大小（16 位）：数据字节数，表示从确认号开始，本报文的源端可以接收的字节数，即源端接收窗口大小。该字段为 16bit，因此窗口大小最大为 65 535Byte。

校验和（16 位）：此校验和是对整个的 TCP 报文段（包括 TCP 首部和 TCP 数据）进行计算所得。这是一个强制性的字段，一定是由发送端计算和存储，并由接收端进行验证。

紧急指针（16 位）：只有当 URG 标志置为 1 时紧急指针才有效。紧急指针是一个正的偏移量，和序列号字段中的值相加表示紧急数据最后一个字节的序号。TCP 的紧急方式是发送端向另一端发送紧急数据的一种方式。

选项：最常见的可选字段是最长报文大小（Maximum Segment Size，MSS）。每个连接方通常都在通信的第一个报文段（为建立连接而设置 SYN 标志的段）中指明这个选项，它指明本端所能接收的最大长度的报文段。选项长度不一定是 32bit 的整数倍，所以要加填充位使报头长度为整数倍。

数据：TCP 报文段中的数据部分是可选的。在一个连接建立和一个连接终止时，双方交换的报文段仅有 TCP 首部；如果一方没有数据要发送，就会使用没有任何数据的首部来确认收到的数据；在处理超时的许多情况中，也会发送不带任何数据的报文段。

TCP 的"三次握手"如图 1-77 所示。客户端发送一个 SYN 报文段（SYN 为 1）指明其打算连接的服务器的端口，以及初始序列号（ISN）。

第 1 章　网络协议分析与实现

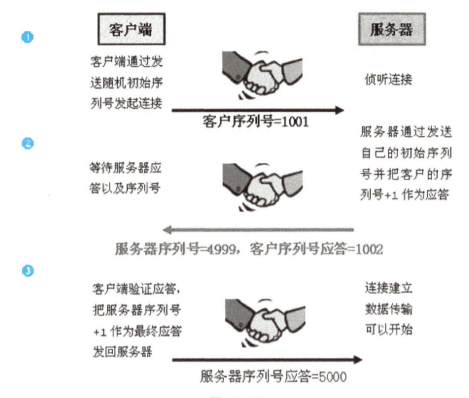

图 1-77

服务器发回包含服务器的初始序列号（ISN）的 SYN 报文段（SYN 为 1）作为应答。同时，将确认号设置为客户端的 ISN 加 1 以对客户端的 SYN 报文段进行确认（ACK 也为 1）。

客户端必须将确认号设置为服务器的 ISN 加 1 以对服务器的 SYN 报文段进行确认（ACK 为 1），该报文是为了通知目的主机双方已完成连接建立。

"三次握手"可以完成两个重要功能，一是确保连接双方做好了传输准备，二是使双方统一了初始序列号。初始序列号是在握手期间传输并获得确认，当一端为建立连接而发送它的 SYN 时，它为连接选择一个初始序列号；每个报文段都包括了序列号字段和确认号字段，这使得两台机器仅仅使用三个握手报文就能协商好各自数据流的序列号。一般来说，ISN 随时间而变化，因此每个连接都将具有不同的 ISN。

1.6.2 实训：运用 Python 实现传输控制协议

1. 实训说明

为了理解传输控制协议的工作原理，可以利用 Python 解释器实现传输控制协议。

2. 实训环境

主机 A 操作系统：Ubuntu Linux 32bit；
主机 A 工具集：Backtrack5；
主机 B 操作系统：CentOS Linux 32bit。

3. 实训步骤

第一步：为各主机配置 IP 地址，如图 1-78 和图 1-79 所示。

Ubuntu Linux：
IPA：192.168.1.112/24

```
root@bt:~# ifconfig eth0 192.168.1.112 netmask 255.255.255.0
root@bt:~# ifconfig
eth0      Link encap:Ethernet  HWaddr 00:0c:29:4e:c7:10
          inet addr:192.168.1.112  Bcast:192.168.1.255  Mask:255.255.255.0
          inet6 addr: fe80::20c:29ff:fe4e:c710/64 Scope:Link
          UP BROADCAST RUNNING MULTICAST  MTU:1500  Metric:1
          RX packets:311507 errors:0 dropped:0 overruns:0 frame:0
          TX packets:281506 errors:0 dropped:0 overruns:0 carrier:0
          collisions:0 txqueuelen:1000
          RX bytes:21621597 (21.6 MB)  TX bytes:62822798 (62.8 MB)
```

图 1-78

CentOS Linux：
IPB：192.168.1.100/24

```
[root@localhost ~]# ifconfig eth0 192.168.1.100 netmask 255.255.255.0
[root@localhost ~]# ifconfig
eth0      Link encap:Ethernet  HWaddr 00:0C:29:A0:3E:A2
          inet addr:192.168.1.100  Bcast:192.168.1.255  Mask:255.255.255.0
          inet6 addr: fe80::20c:29ff:fea0:3ea2/64 Scope:Link
          UP BROADCAST RUNNING MULTICAST  MTU:1500  Metric:1
          RX packets:35532 errors:0 dropped:0 overruns:0 frame:0
          TX packets:27052 errors:0 dropped:0 overruns:0 carrier:0
          collisions:0 txqueuelen:1000
          RX bytes:9413259 (8.9 MiB)  TX bytes:1836269 (1.7 MiB)
          Interrupt:59 Base address:0x2000
```

图 1-79

第二步：从渗透测试主机开启 Python 解释器，如图 1-80 所示。

```
root@bt:~# python3.3
Python 3.3.2 (default, Jul  1 2013, 16:37:01)
[GCC 4.4.3] on linux
Type "help", "copyright", "credits" or "license" for more information.
```

图 1-80

第三步：在渗透测试主机 Python 解释器中导入 Scapy 库，如图 1-81 所示。

```
Type "help", "copyright", "credits" or "license" for more information.
>>> from scapy.all import *
WARNING: No route found for IPv6 destination :: (no default route?)
>>>
```

图 1-81

第四步：查看 Scapy 库中支持的类，如图 1-82 所示。

```
>>> ls()
ARP              : ARP
ASN1_Packet      : None
BOOTP            : BOOTP
CookedLinux      : cooked linux
DHCP             : DHCP options
DHCP6            : DHCPv6 Generic Message)
DHCP6OptAuth     : DHCP6 Option - Authentication
DHCP6OptBCMCSDomains : DHCP6 Option - BCMCS Domain Name List
DHCP6OptBCMCSServers : DHCP6 Option - BCMCS Addresses List
DHCP6OptClientFQDN : DHCP6 Option - Client FQDN
DHCP6OptClientId : DHCP6 Client Identifier Option
DHCP6OptDNSDomains : DHCP6 Option - Domain Search List option
DHCP6OptDNSServers : DHCP6 Option - DNS Recursive Name Server
DHCP6OptElapsedTime : DHCP6 Elapsed Time Option
DHCP6OptGeoConf  :
DHCP6OptIAAddress : DHCP6 IA Address Option (IA_TA or IA_NA suboption)
```

图 1-82

第 1 章 网络协议分析与实现

第五步：在 Scapy 库支持的类中找到 Ethernet 类，如图 1-83 所示。

```
Dot11ReassoReq  : 802.11 Reassociation Request
Dot11ReassoResp : 802.11 Reassociation Response
Dot11WEP        : 802.11 WEP packet
Dot1Q           : 802.1Q
Dot3            : 802.3
EAP             : EAP
EAPOL           : EAPOL
Ether           : Ethernet
GPRS            : GPRSdummy
GRE             : GRE
HAO             : Home Address Option
HBHOptUnknown   : Scapy6 Unknown Option
HCI_ACL_Hdr     : HCI ACL header
HCI_Hdr         : HCI header
HDLC            : None
HSRP            : HSRP
ICMP            : ICMP
ICMPerror       : ICMP in ICMP
```

图 1-83

第六步：实例化 Ethernet 类的一个对象，对象的名称为 eth，如图 1-84 所示。

```
>>>
>>> eth = Ether()
>>>
```

图 1-84

第七步：查看对象 eth 的各属性，如图 1-85 所示。

```
>>> eth.show()
###[ Ethernet ]###
WARNING: Mac address to reach destination not found. Using broadcast.
  dst= ff:ff:ff:ff:ff:ff
  src= 00:00:00:00:00:00
  type= 0x0
>>>
```

图 1-85

第八步：实例化 IP 类的一个对象，对象的名称为 ip，并查看对象 ip 的各个属性，如图 1-86 所示。

```
>>> ip = IP()
>>> ip.show()
###[ IP ]###
  version= 4
  ihl= None
  tos= 0x0
  len= None
  id= 1
  flags=
  frag= 0
  ttl= 64
  proto= ip
  chksum= 0x0
  src= 127.0.0.1
  dst= 127.0.0.1
  options= ''
>>>
```

图 1-86

第九步：实例化 TCP 类的一个对象，对象的名称为 tcp，并查看对象 tcp 的各个属性，如图 1-87 所示。

```
>>> tcp = TCP()
>>> tcp.show()
###[ TCP ]###
  sport= ftp_data
  dport= www
  seq= 0
  ack= 0
  dataofs= None
  reserved= 0
  flags= S
  window= 8192
  chksum= 0x0
  urgptr= 0
  options= {}
>>>
```

图 1-87

第十步：将对象联合 eth、ip、tcp 构造为复合数据类型 packet，并查看 packet 的各个属性，如图 1-88 所示。

```
>>> packet = eth/ip/tcp
>>> packet.show()
###[ Ethernet ]###
  dst= ff:ff:ff:ff:ff:ff
  src= 00:00:00:00:00:00
  type= 0x800
###[ IP ]###
     version= 4
     ihl= None
     tos= 0x0
     len= None
     id= 1
     flags=
     frag= 0
     ttl= 64
     proto= tcp
     chksum= 0x0
     src= 127.0.0.1
     dst= 127.0.0.1
     options= ''
###[ TCP ]###
        sport= ftp_data
        dport= www
        seq= 0
        ack= 0
        dataofs= None
        reserved= 0
        flags= S
        window= 8192
        chksum= 0x0
```

图 1-88

第十一步：将 packet[IP].src 赋值为本地 OS（操作系统）的 IP 地址，如图 1-89 所示。

```
>>> packet[IP].src = "192.168.1.112"
>>>
```

图 1-89

第十二步：将 packet[IP].dst 赋值为 CentOS 靶机的 IP 地址，如图 1-90 所示。

```
>>> packet[IP].dst = "192.168.1.100"
>>>
```

图 1-90

第十三步：将 packet[TCP].seq 赋值为 10，packet[TCP].ack 赋值为 20，如图 1-91 所示。

```
>>> packet[TCP].seq = 10
>>> packet[TCP].ack = 20
>>>
>>>
>>>
```

图 1-91

第十四步：将 packet[TCP].sport 赋值为 int 类型数据 1028，packet[TCP].dport 赋值为 int 类型数据 22，并查看当前 packet 的各个属性，如图 1-92~图 1-94 所示。

```
>>> packet[TCP].sport = 1028
```

图 1-92

```
>>> packet[TCP].dport = 22
>>> packet.show()
```

图 1-93

```
>>> packet.show()
###[ Ethernet ]###
  dst= 00:0c:29:78:c0:e4
  src= 00:0c:29:4e:c7:10
  type= 0x800
###[ IP ]###
     version= 4
     ihl= None
     tos= 0x0
     len= None
     id= 1
     flags=
     frag= 0
     ttl= 64
     proto= tcp
     chksum= 0x0
     src= 192.168.1.112
     dst= 192.168.1.100
     options= ''
###[ TCP ]###
        sport= 1028
        dport= ssh
        seq= 10
        ack= 20
        dataofs= None
        reserved= 0
        flags= S
        window= 8192
        chksum= 0x0
        urgptr= 0
```

图 1-94

第十五步：打开 Wireshark 程序并设置过滤条件，如图 1-95 所示。

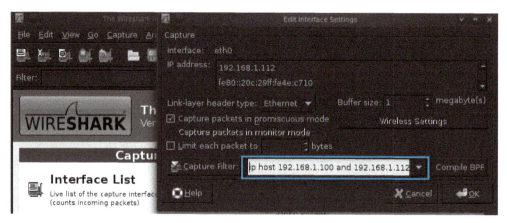

图 1-95

第十六步：通过 srp1（ ）函数将 packet 进行发送，并查看函数返回结果，返回结果为复合数据类型，存放靶机 CentOS 返回的对象

第十七步：查看 Wireshark 捕获到的 Packet 对象，对照基础知识，分析 TCP 请求和应答的过程，注意第三次握手为 RST，是由于此时 Ubuntu 系统（BackTrack5）并未开放端口 1028。控制位变动如下：

1）SYN，如图 1-96 所示。

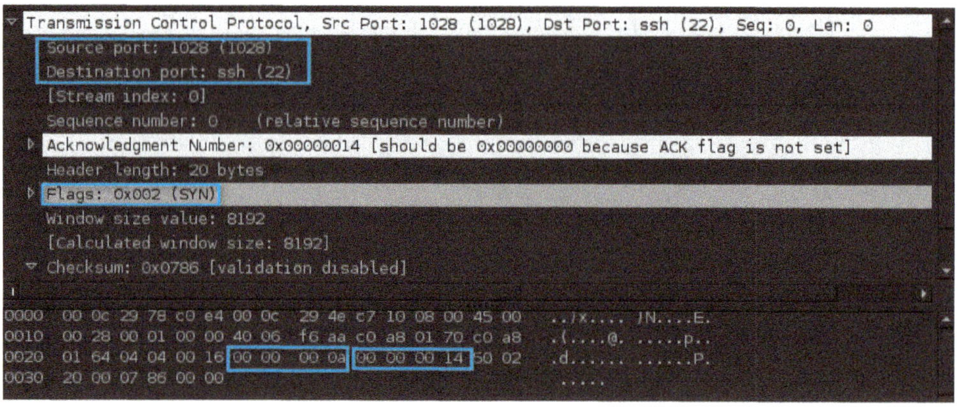

图 1-96

2）SYN、ACK，如图 1-97 所示。

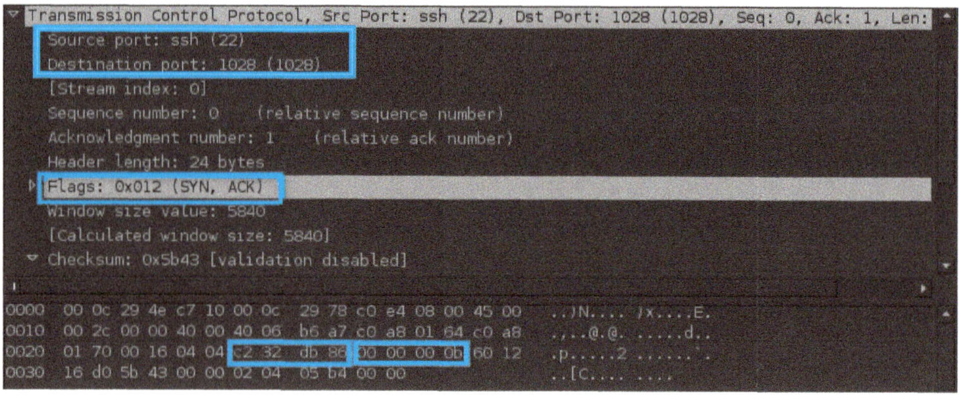

图 1-97

3）RST，如图 1-98 所示。

```
Transmission Control Protocol, Src Port: 1028 (1028), Dst Port: ssh (22), Seq: 1, Len: 0
    Source port: 1028 (1028)
    Destination port: ssh (22)
    [Stream index: 0]
    Sequence number: 1    (relative sequence number)
    Header length: 20 bytes
  ▷ Flags: 0x004 (RST)
    Window size value: 0
    [Calculated window size: 0]
    [Window size scaling factor: -2 (no window scaling used)]
  ▽ Checksum: 0x2797 [validation disabled]

0000  00 0c 29 78 c0 e4 00 0c  29 4e c7 10 08 00 45 00   ..)x....)N....E.
0010  00 28 00 00 40 00 40 06  b6 ab c0 a8 01 70 c0 a8   .(..@.@......p..
0020  01 64 04 04 00 16 00 00  00 0b 00 00 00 00 50 04   .d............P.
0030  00 00 27 97 00 00                                  ..'...
```

图 1-98

1.7 用户报文协议

1.7.1 用户报文协议基础知识

用户报文协议（User Datagram Protocol，UDP）是定义用来在互联网络环境中提供数据报交换的计算机通信协议。此协议默认是 IP 的下层协议，提供了向另一用户程序发送信息的最简便的协议机制，不需要连接确认和保护复制，所以在软件实现上比较简单，需要的内存空间比起 TCP 也较小。

UDP 包头由 4 个域组成，其中每个域各占用 2Byte。

1）源端口号（16 位）：UDP 数据包的发送方使用的端口号。

2）目标端口号（16 位）：UDP 数据包的接收方使用的端口号。UDP 使用端口号为不同的应用保留其各自的数据传输通道 UDP 和 RAP 正是采用这一机制，实现对同一时刻内多项应用同时发送和接收数据的支持。

3）数据包长度（16 位）：数据包的长度是指包括包头和数据部分在内的总的字节数。理论上，包含包头在内的数据包的最大长度为 65 535Byte。不过，一些实际应用往往会限制数据包的大小，有时会降到 8 192Byte。

4）校验值（16 位）：UDP 使用包头中的校验值来保证数据的安全。

1.7.2 实训：运用 Python 实现用户报文协议

1. 实训说明

为了理解用户报文协议的工作原理，可以利用 Python 解释器实现用户报文协议。

2. 实训环境

主机 A 操作系统：Ubuntu Linux 32bit；
主机 A 工具集：Backtrack5；

主机 B 操作系统：CentOS Linux 32bit。

3. 实训步骤

第一步：为各主机配置 IP 地址，如图 1-99 和图 1-100 所示。

Ubuntu Linux：
IPA：192.168.1.112/24

```
root@bt:~# ifconfig eth0 192.168.1.112 netmask 255.255.255.0
root@bt:~# ifconfig
eth0      Link encap:Ethernet  HWaddr 00:0c:29:4e:c7:10
          inet addr:192.168.1.112  Bcast:192.168.1.255  Mask:255.255.255.0
          inet6 addr: fe80::20c:29ff:fe4e:c710/64 Scope:Link
          UP BROADCAST RUNNING MULTICAST  MTU:1500  Metric:1
          RX packets:311507 errors:0 dropped:0 overruns:0 frame:0
          TX packets:281506 errors:0 dropped:0 overruns:0 carrier:0
          collisions:0 txqueuelen:1000
          RX bytes:21621597 (21.6 MB)  TX bytes:62822798 (62.8 MB)
```

图 1-99

CentOS Linux：
IPB：192.168.1.100/24

```
[root@localhost ~]# ifconfig eth0 192.168.1.100 netmask 255.255.255.0
[root@localhost ~]# ifconfig
eth0      Link encap:Ethernet  HWaddr 00:0C:29:A0:3E:A2
          inet addr:192.168.1.100  Bcast:192.168.1.255  Mask:255.255.255.0
          inet6 addr: fe80::20c:29ff:fea0:3ea2/64 Scope:Link
          UP BROADCAST RUNNING MULTICAST  MTU:1500  Metric:1
          RX packets:35532 errors:0 dropped:0 overruns:0 frame:0
          TX packets:27052 errors:0 dropped:0 overruns:0 carrier:0
          collisions:0 txqueuelen:1000
          RX bytes:9413259 (8.9 MiB)  TX bytes:1836269 (1.7 MiB)
          Interrupt:59 Base address:0x2000
```

图 1-100

第二步：从渗透测试主机开启 Python 解释器，如图 1-101 所示。

```
root@bt:~# python3.3
Python 3.3.2 (default, Jul  1 2013, 16:37:01)
[GCC 4.4.3] on linux
Type "help", "copyright", "credits" or "license" for more information.
```

图 1-101

第三步：在渗透测试主机 Python 解释器中导入 Scapy 库，如图 1-102 所示。

```
Type "help", "copyright", "credits" or "license" for more information.
>>> from scapy.all import *
WARNING: No route found for IPv6 destination :: (no default route?)
>>>
```

图 1-102

第四步：查看 Scapy 库中支持的类，如图 1-103 所示。

```
>>> ls()
ARP             : ARP
ASN1_Packet     : None
BOOTP           : BOOTP
CookedLinux     : cooked linux
DHCP            : DHCP options
DHCP6           : DHCPv6 Generic Message)
DHCP6OptAuth    : DHCP6 Option - Authentication
DHCP6OptBCMCSDomains : DHCP6 Option - BCMCS Domain Name List
DHCP6OptBCMCSServers : DHCP6 Option - BCMCS Addresses List
DHCP6OptClientFQDN : DHCP6 Option - Client FQDN
DHCP6OptClientId : DHCP6 Client Identifier Option
DHCP6OptDNSDomains : DHCP6 Option - Domain Search List option
DHCP6OptDNSServers : DHCP6 Option - DNS Recursive Name Server
DHCP6OptElapsedTime : DHCP6 Elapsed Time Option
DHCP6OptGeoConf :
DHCP6OptIAAddress : DHCP6 IA Address Option (IA_TA or IA_NA suboption)
```

图 1-103

第五步：在 Scapy 库支持的类中找到 Ethernet 类，如图 1-104 所示。

```
Dot11ReassoReq  : 802.11 Reassociation Request
Dot11ReassoResp : 802.11 Reassociation Response
Dot11WEP        : 802.11 WEP packet
Dot1Q           : 802.1Q
Dot3            : 802.3
EAP             : EAP
EAPOL           : EAPOL
Ether           : Ethernet
GPRS            : GPRSdummy
GRE             : GRE
HAO             : Home Address Option
HBHOptUnknown   : Scapy6 Unknown Option
HCI_ACL_Hdr     : HCI ACL header
HCI_Hdr         : HCI header
HDLC            : None
HSRP            : HSRP
ICMP            : ICMP
ICMPerror       : ICMP in ICMP
```

图 1-104

第六步：实例化 Ethernet 类的一个对象，对象的名称为 eth，如图 1-105 所示。

```
>>>
>>> eth = Ether()
>>>
```

图 1-105

第七步：查看对象 eth 的各属性，如图 1-106 所示。

```
>>> eth.show()
###[ Ethernet ]###
WARNING: Mac address to reach destination not found. Using broadcast.
  dst= ff:ff:ff:ff:ff:ff
  src= 00:00:00:00:00:00
  type= 0x0
>>>
```

图 1-106

第八步：实例化 IP 类的一个对象，对象的名称为 ip，并查看对象 ip 的各个属性，如图 1-107 所示。

```
>>> ip = IP()
>>> ip.show()
###[ IP ]###
  version= 4
  ihl= None
  tos= 0x0
  len= None
  id= 1
  flags=
  frag= 0
  ttl= 64
  proto= ip
  chksum= 0x0
  src= 127.0.0.1
  dst= 127.0.0.1
  options= ''
>>>
```

图 1-107

第九步：实例化 UDP 类的一个对象，对象的名称为 udp，并查看对象 udp 的各个属性，如图 1-108 所示。

```
>>> udp = UDP()
>>>
>>>
>>> udp.show()
###[ UDP ]###
  sport= domain
  dport= domain
  len= None
  chksum= 0x0
>>>
```

图 1-108

第十步：将对象联合 eth、ip、udp 构造为复合数据类型 packet，并查看 packet 的各个属性，如图 1-109 所示。

```
>>> packet = eth/ip/udp
>>> packet.show()
###[ Ethernet ]###
  dst= ff:ff:ff:ff:ff:ff
  src= 00:00:00:00:00:00
  type= 0x800
###[ IP ]###
     version= 4
     ihl= None
     tos= 0x0
     len= None
     id= 1
     flags=
     frag= 0
     ttl= 64
     proto= udp
     chksum= 0x0
     src= 127.0.0.1
     dst= 127.0.0.1
     options= ''
###[ UDP ]###
        sport= domain
        dport= domain
        len= None
        chksum= 0x0
```

图 1-109

第十一步：将 packet[IP].src 赋值为本地 OS（操作系统）的 IP 地址，如图 1-110 所示。

```
>>> packet[IP].src = "192.168.1.112"
>>>
```

图 1-110

第十二步：将 packet[IP].dst 赋值为 CentOS 靶机的 IP 地址，如图 1-111 所示。

```
>>> packet[IP].dst = "192.168.1.100"
>>>
```

图 1-111

第十三步：将 packet[UDP].sport 赋值为 int 类型数据 1029，packet[UDP].dport 赋值为 int 类型数据 1030，并查看当前 packet 的各个属性，如图 1-112 所示。

```
>>> packet[UDP].sport = 1029
>>> packet[UDP].dport = 1030
>>> packet.show()
###[ Ethernet ]###
  dst= 00:0c:29:78:c0:e4
  src= 00:0c:29:4e:c7:10
  type= 0x800
###[ IP ]###
     version= 4
     ihl= None
     tos= 0x0
     len= None
     id= 1
     flags=
     frag= 0
     ttl= 64
     proto= udp
     chksum= 0x0
     src= 192.168.1.112
     dst= 192.168.1.100
     options= ''
###[ UDP ]###
        sport= 1029
        dport= 1030
        len= None
        chksum= 0x0
>>>
```

图 1-112

第十四步：打开 Wireshark 程序，并设置过滤条件，如图 1-113 所示。

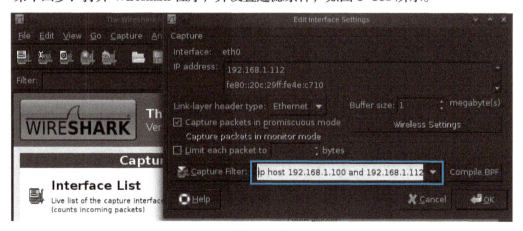

图 1-113

第十五步：通过 srp1（ ）函数将 packet 进行发送，并查看函数返回结果，返回结果为复合数据类型，存放靶机 CentOS 返回的对象，如图 1–114 所示。

```
>>> P = srp1(packet)
Begin emission:
.Finished to send 1 packets.
*
Received 2 packets, got 1 answers, remaining 0 packets
>>> P
<Ether  dst=00:0c:29:4e:c7:10 src=00:0c:29:78:c0:e4 type=0x800 |<IP  version=4L ihl=5
L tos=0xc0 len=56 id=27077 flags= frag=0L ttl=64 proto=icmp chksum=0x8c1b src=192.168
.1.100 dst=192.168.1.112 options='' |<ICMP  type=dest-unreach code=3 chksum=0x813b un
used=0 |<IPerror  version=4L ihl=5L tos=0x0 len=28 id=1 flags= frag=0L ttl=64 proto=u
dp chksum=0xf6ab src=192.168.1.112 dst=192.168.1.100 options='' |<UDPerror  sport=102
9 dport=1030 len=8 chksum=0x73ae |>>>>>
>>> 
```

图 1–114

第十六步：查看 Wireshark 捕获到的 Packet 对象，对照基础知识分析 UDP 请求和应答的过程，注意针对 UDP 请求，应答为 ICMP 对象，这是由于安装 CentOS 操作系统靶机并未开放 UDP 1030 端口，过程如下：

1）UDP 请求，如图 1–115 所示。

```
▷ Frame 1: 42 bytes on wire (336 bits), 42 bytes captured (336 bits) on interface 0
▷ Ethernet II, Src: Vmware_4e:c7:10 (00:0c:29:4e:c7:10), Dst: Vmware_78:c0:e4 (00:0c:29:78:c0:e4)
▷ Internet Protocol Version 4, Src: 192.168.1.112 (192.168.1.112), Dst: 192.168.1.100 (192.168.1.10
▽ User Datagram Protocol, Src Port: solid-mux (1029), Dst Port: iad1 (1030)
    Source port: solid-mux (1029)
    Destination port: iad1 (1030)
    Length: 8
  ▷ Checksum: 0x73ae [validation disabled]
▷ [Malformed Packet: BT-uTP]

0000  00 0c 29 78 c0 e4 00 0c  29 4e c7 10 08 00 45 00   ..)x.... )N....E.
0010  00 1c 00 01 00 00 40 11  f6 ab c0 a8 01 70 c0 a8   ......@. .....p..
0020  01 64 04 05 04 06 00 08  73 ae                     .d...... s.
```

图 1–115

2）应答，如图 1–116 所示。

```
▷ Internet Protocol Version 4, Src: 192.168.1.100 (192.168.1.100), Dst: 192.168.1.112 (192.168.1
▽ Internet Control Message Protocol
    Type: 3 (Destination unreachable)
    Code: 3 (Port unreachable)
    Checksum: 0x813b [correct]
  ▷ Internet Protocol Version 4, Src: 192.168.1.112 (192.168.1.112), Dst: 192.168.1.100 (192.168
  ▽ User Datagram Protocol, Src Port: solid-mux (1029), Dst Port: iad1 (1030)
      Source port: solid-mux (1029)
      Destination port: iad1 (1030)
      Length: 8
    ▷ Checksum: 0x73ae [validation disabled]

0000  00 0c 29 4e c7 10 00 0c  29 78 c0 e4 08 00 45 c0   ..)N.... )x....E.
0010  00 38 69 c5 00 00 40 01  8c 1b c0 a8 01 64 c0 a8   .8i...@. .....d..
0020  01 70 03 03 81 3b 00 00  00 00 45 00 00 1c 00 01   .p...;.. ..E.....
0030  00 00 40 11 f6 ab c0 a8  01 70 c0 a8 01 64 04 05   ..@..... .p...d..
```

图 1–116

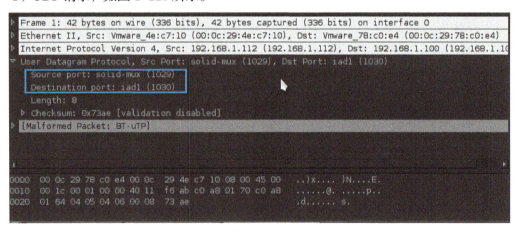

1.8 动态主机配置协议

1.8.1 动态主机配置协议基础知识

动态主机配置协议（Dynamic Host Configuration Protocol，DHCP）使用 UDP 工作，采用 67（DHCP 服务器文）和 68（DHCP 客户端）两个端口。546 号端口用于 DHCPv6 Client，而不用于 DHCPv4，为 DHCP Failover 服务。

DHCP 客户端向 DHCP 服务器发送的报文称为 DHCP 请求报文，而 DHCP 服务器向 DHCP 客户端发送的报文称为 DHCP 应答报文。

DHCP 采用 C/S（客户端/服务器）模式，可以为客户机自动分配 IP 地址、子网掩码以及默认网关、DNS 服务器的 IP 地址等，并能够提升地址的使用率。

1. DHCP 报文种类

DHCP 一共有 8 种报文，分别为 DHCP Discover、DHCP Offer、DHCP Request、DHCP ACK、DHCP NAK、DHCP Release、DHCP Decline 和 DHCP Inform。各种类型报文的基本功能如下：

（1）DHCP Discover

DHCP 客户端在的请求 IP 地址时并不知道 DHCP 服务器的位置，因此 DHCP 客户端会在本地网络内以广播的方式发送 Discover 请求报文，以发现网络中的 DHCP 服务器。所有收到 Discover 报文的 DHCP 服务器都会发送应答报文，DHCP 客户端据此可以知道网络中存在的 DHCP 服务器的位置。

（2）DHCP Offer

DHCP 服务器收到 Discover 报文后，就会在所配置的地址池中查找一个合适的 IP 地址，加上相应的租约期限和其他配置信息（如网关、DNS 服务器等）来构造一个 Offer 报文，并发送给 DHCP 客户端以告知用户本服务器可以为其提供 IP 地址。但这个报文只是告诉 DHCP 客户端可以提供 IP 地址，最终还需要客户端通过 ARP 来检测该 IP 地址是否重复。

（3）DHCP Request

DHCP 客户端可能会收到很多 Offer 请求报文，所以必须在这些应答中选择一个。通常是选择第一个 Offer 应答报文的服务器作为自己的目标服务器，并向该服务器发送一个广播的 Request 请求报文，通知所选择的服务器以获得所分配的 IP 地址。另外，DHCP 客户端在成功获取 IP 地址后，在地址使用的租期过去一半时，会向 DHCP 服务器发送单播 Request 请求报文来请求续延租约。如果没有收到服务器的 ACK 报文，在租期过去 3/4 时，DHCP 客户端会再次发送广播的 Request 请求报文以请求续延租约。

（4）DHCP ACK

DHCP 服务器收到 Request 请求报文后，根据 Request 报文中携带的用户 MAC 来查找其是否有相应的租约记录，如果有则发送 ACK 应答报文，通知用户可以使用分配的 IP 地址。

（5）DHCP NAK

如果 DHCP 服务器收到 Request 请求报文后，没有发现其有相应的租约记录或者由于某些原因无法正常分配 IP 地址，则向 DHCP 客户端发送 NAK 应答报文，通知用户无法分配合适的 IP 地址。

（6）DHCP Release

当 DHCP 客户端不再需要使用分配的 IP 地址时，就会主动向 DHCP 服务器发送 Release 请求报文，告知服务器用户不再需要分配 IP 地址，请求 DHCP 服务器释放其对应的 IP 地址。

（7）DHCP Decline

DHCP 客户端收到 DHCP 服务器的 ACK 应答报文后，通过地址冲突检测发现服务器分配的地址冲突或者由于其他原因而不能使用，则会向 DHCP 服务器发送 Decline 请求报文，通知服务器所分配的 IP 地址不可用，以获得新的 IP 地址。

（8）DHCP Inform

DHCP 客户端如果需要从 DHCP 服务器端获取更为详细的配置信息，则向 DHCP 服务器发送 Inform 请求报文；DHCP 服务器在收到该报文后，将根据租约进行查找，找到相应的配置信息后再向 DHCP 客户端发送 ACK 应答报文。此报文目前很少使用。

2. DHCP 报文格式

DHCP 服务的 8 种报文的格式是相同的，只是报文中的某些字段取值不同。DHCP 的报文格式是基于 BOOTP 的报文格式。下面是各字段的说明：

1）OP：报文的操作类型，分为请求报文和响应报文。为 1 时是请求报文，为 2 时是应答报文，即客户端发送给服务器的封包设为 1，反之设为 2。

2）请求报文：DHCP Discover、DHCP Request、DHCP Release、DHCP Inform 和 DHCP Decline。

3）应答报文：DHCP Offer、DHCP ACK 和 DHCP NAK。

Htype：DHCP 客户端的 MAC 地址类型。Htype 是用来指明网络类型，值为 1 时表示最常见的以太网 MAC 地址类型。

4）Hlen：DHCP 客户端的 MAC 地址长度。以太网 MAC 地址长度为 6Byte，即以太网 Hlen 值为 6。

5）Hops：DHCP 报文经过的 DHCP 中继的数目，默认为 0。DHCP 请求报文每经过一个 DHCP 中继，该字段就会增加 1，没有经过 DHCP 中继时值为 0。

6）Xid：Xid 是客户端通过 DHCP Discover 报文发起一次 IP 地址请求时所选择的随机数，相当于请求标识。它用来标识一次 IP 地址的请求过程，在一次请求中所有报文的 Xid 都是一样的。

7）Secs：DHCP 客户端从获取到 IP 地址或者续约过程开始到现在所消耗的时间（即 DHCP 客户端开始 DHCP 请求后所经过的时间），以 s 为单位。在没有获得 IP 地址前该字段始终为 0。

8）Flags：标志位，只使用第 0 位，是广播应答标识位，用来标识 DHCP 服务器应答报文的发送方式，0 表示采用单播发送方式，1 表示采用广播发送方式。其余位尚未使用（即从 0~15bit，最左 1bit 为 1 时表示服务器将以广播方式传送封包给客户端）。

注意：在客户端正式分配了 IP 地址之前的第一次 IP 地址请求过程中，所有 DHCP 报文都是以广播方式发送的，包括客户端发送的 DHCP Discover 和 DHCP Request 报文，以及 DHCP 服务器发送的 DHCP Offer、DHCP ACK 和 DHCP NAK 报文。如果是由 DHCP 中继器转发的报文，则都是以单播方式发送的。另外，IP 地址续约、IP 地址释放的相关报文也都是采用单播方式进行发送的。

9）Ciaddr：DHCP 客户端的 IP 地址。仅在 DHCP 服务器发送的 ACK 报文中显示，在其他报文中均为 0，因为在得到 DHCP 服务器确认前，DHCP 客户端还没有分配到 IP 地址。只有客户端是 Bound、Renew、Rebinding 状态，并且能响应 ARP 请求时，该值才能被填充。

10）Yiaddr：DHCP 服务器分配给客户端的 IP 地址。仅在 DHCP 服务器发送的 Offer 和 ACK 报文中显示，其他报文中显示为 0。

11）Siaddr：下一个为 DHCP 客户端分配 IP 地址等信息的 DHCP 服务器 IP 地址（用于 bootstrap 过程中的 IP 地址）。仅在 DHCP Offer、DHCP ACK 报文中显示，其他报文中显示为 0。

12）Giaddr：DHCP 客户端发出请求报文后经过的第一个 DHCP 中继的 IP 地址（转发代理（网关）IP 地址）。如果没有经过 DHCP 中继，则显示为 0。

13）Chaddr：DHCP 客户端的 MAC 地址。在每个报文中都会显示对应 DHCP 客户端的 MAC 地址。

14）Sname：为 DHCP 客户端分配 IP 地址的 DHCP 服务器名称（DNS 域名格式）。在 Offer 和 ACK 报文中显示发送报文的 DHCP 服务器名称，其他报文显示为 0。

15）File：DHCP 服务器为 DHCP 客户端指定的启动配置文件名称及路径信息。仅在 DHCP Offer 报文中显示，其他报文中显示为空。

16）Options：可选项字段，长度可变，格式为"代码 + 长度 + 数据"。

以下为部分可选的选项：

① 代码 1

长度（Byte）：4；

说明：子网掩码。

② 代码 3

长度：长度可变，必须是 4Byte 的整数倍；

说明：默认网关（可以是一个路由器 IP 地址列表）。

③ 代码 6

长度：长度可变，必须是 4Byte 的整数倍；

说明：DNS 服务器（可以是一个 DNS 服务器 IP 地址列表）。

④ 代码 15

长度：长度可变；

说明：域名称（主 DNS 服务器名称）。

⑤ 代码 44

长度：长度可变，必须是 4Byte 的整数倍；

说明：WINS 服务器（可以是一个 WINS 服务器 IP 列表）。

⑥ 代码 51

长度（Byte）：4；

说明：有效租约期（以 s 为单位）。

⑦ 代码 53

长度（Byte）：1；

说明：报文类型，分别有：

1：DHCP Discover；

2：DHCP Offer；

3：DHCP Request；

4：DHCP Decline；

5：DHCP ACK；

6：DHCP NAK；

7：DHCP Release；

8：DHCP Inform。

⑧ 代码 58

长度（Byte）：4；

说明：续约时间。

1.8.2 实训：运用 Wireshark 分析动态主机配置协议

1. 实训说明

为了理解动态主机配置协议的工作原理，可以利用 Wireshark 分析动态主机配置协议。

2. 实训环境

主机 A 操作系统：Ubuntu Linux 32bit；

主机 A 工具集：Backtrack5；

主机 B 操作系统：Windows Server 2003。

3. 实训步骤

第一步：配置服务器的 IP 地址。

服务器：202.100.1.20，如图 1-117 所示。

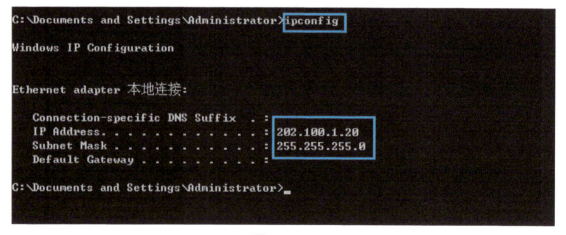

图 1-117

第二步：打开 Wireshark 程序并配置过滤条件，如图 1-118 所示。

第1章　网络协议分析与实现

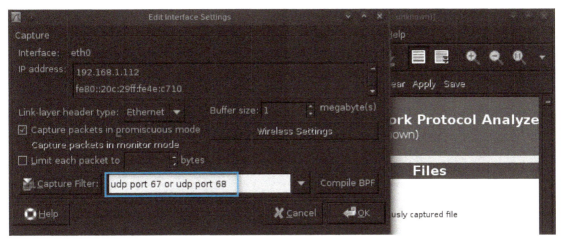

图 1-118

第三步：验证客户机以获得 DHCP 服务器分配的 IP 地址。

第四步：打开 Wireshark，对照基础知识，验证以下数据对象：

1）客户机向其所在网络发送 DHCP Discover 数据包，用于请求这个终端所使用的访问网络的 IP 地址，如图 1-119 所示。

```
Bootstrap Protocol
    Message type: Boot Request (1)
    Hardware type: Ethernet
    Hardware address length: 6
    Hops: 0
    Transaction ID: 0x89eba190
    Seconds elapsed: 3584
  ⊞ Bootp flags: 0x0000 (Unicast)
    Client IP address: 0.0.0.0 (0.0.0.0)
    Your (client) IP address: 0.0.0.0 (0.0.0.0)
    Next server IP address: 0.0.0.0 (0.0.0.0)
    Relay agent IP address: 0.0.0.0 (0.0.0.0)
    Client MAC address: 00:0c:29:8f:46:42 (Vmware_8f:46:42)
    Server host name not given
    Boot file name not given
    Magic cookie: (OK)
    Option 53: DHCP Message Type = DHCP Discover
    Option 116: DHCP Auto-Configuration (1 bytes)
  ⊞ Option 61: Client identifier
    Option 50: Requested IP Address = 202.100.1.10
    Option 12: Host Name = "acer-5006335e97"
    Option 60: Vendor class identifier = "MSFT 5.0"
  ⊞ Option 55: Parameter Request List
    Option 43: Vendor-Specific Information (2 bytes)
    End Option
```

图 1-119

从这个包可以看出，用户终端没有任何 IP 地址（0.0.0.0），但是它通过一个 Client MAC 地址去向 DHCP 服务器申请 IP 地址。

2）DHCP 服务器收到这个请求，会为用户终端回送 DHCP Offer，如图 1-120 所示。

```
Bootstrap Protocol
  Message type: Boot Reply (2)
  Hardware type: Ethernet
  Hardware address length: 6
  Hops: 0
  Transaction ID: 0x89eba190
  Seconds elapsed: 0
  Bootp flags: 0x0000 (Unicast)
  Client IP address: 0.0.0.0 (0.0.0.0)
  Your (client) IP address: 202.100.1.100 (202.100.1.100)
  Next server IP address: 202.100.1.20 (202.100.1.20)
  Relay agent IP address: 0.0.0.0 (0.0.0.0)
  Client MAC address: 00:0c:29:8f:46:42 (Vmware_8f:46:42)
  Server host name not given
  Boot file name not given
  Magic cookie: (OK)
  Option 53: DHCP Message Type = DHCP Offer
  Option 1: Subnet Mask = 255.255.255.0
  Option 58: Renewal Time Value = 4 days
  Option 59: Rebinding Time Value = 7 days
  Option 51: IP Address Lease Time = 8 days
  Option 54: Server Identifier = 202.100.1.20
  Option 3: Router = 202.100.1.1
  Option 6: Domain Name Server = 202.106.0.20
  End Option
  Padding
```

图 1-120

从这个包可以看出，DHCP 服务器为刚才那个用户终端的 MAC 分配的 IP 地址为 202.100.1.100，并且这个 IP 携带了一些选项，如子网掩码、网关、DNS、DHCP 服务器 IP、租期等信息。

3）用户终端收到这个 Offer 以后，确认需要使用这个 IP 地址，会向 DHCP 服务器继续发送 DHCP Request，如图 1-121 所示。

从这个包可以看出，用户终端请求的 IP 地址为 202.100.1.100。

4）DHCP 服务器再次收到来自这个用户终端的请求，会回送 DHCP ACK 包进行确认，至此，用户终端获得 DHCP 服务器为其分配的 IP 地址，如图 1-122 所示。

```
Bootstrap Protocol
  Message type: Boot Request (1)
  Hardware type: Ethernet
  Hardware address length: 6
  Hops: 0
  Transaction ID: 0x89eba190
  Seconds elapsed: 3584
  Bootp flags: 0x0000 (Unicast)
  Client IP address: 0.0.0.0 (0.0.0.0)
  Your (client) IP address: 0.0.0.0 (0.0.0.0)
  Next server IP address: 0.0.0.0 (0.0.0.0)
  Relay agent IP address: 0.0.0.0 (0.0.0.0)
  Client MAC address: 00:0c:29:8f:46:42 (Vmware_8f:46:42)
  Server host name not given
  Boot file name not given
  Magic cookie: (OK)
  Option 53: DHCP Message Type = DHCP Request
  Option 61: Client identifier
  Option 50: Requested IP Address = 202.100.1.100
  Option 54: Server Identifier = 202.100.1.20
  Option 12: Host Name = "acer-5006335e97"
  Option 81: FQDN
  Option 60: Vendor class identifier = "MSFT 5.0"
  Option 55: Parameter Request List
  Option 43: Vendor-Specific Information (3 bytes)
  End Option
```

图 1-121

```
Bootstrap Protocol
  Message type: Boot Reply (2)
  Hardware type: Ethernet
  Hardware address length: 6
  Hops: 0
  Transaction ID: 0x89eba190
  Seconds elapsed: 0
  Bootp flags: 0x0000 (Unicast)
  Client IP address: 0.0.0.0 (0.0.0.0)
  Your (client) IP address: 202.100.1.100 (202.100.1.100)
  Next server IP address: 0.0.0.0 (0.0.0.0)
  Relay agent IP address: 0.0.0.0 (0.0.0.0)
  Client MAC address: 00:0c:29:8f:46:42 (Vmware_8f:46:42)
  Server host name not given
  Boot file name not given
  Magic cookie: (OK)
  Option 53: DHCP Message Type = DHCP ACK
  Option 58: Renewal Time Value = 4 days
  Option 59: Rebinding Time Value = 7 days
  Option 51: IP Address Lease Time = 8 days
  Option 54: Server Identifier = 202.100.1.20
  Option 1: Subnet Mask = 255.255.255.0
  Option 81: FQDN
  Option 3: Router = 202.100.1.1
  Option 6: Domain Name Server = 202.106.0.20
  End Option
  Padding
```

图 1-122

1.9 域名解析系统

1.9.1 域名解析系统基础知识

1. 基本概念

域名系统（Domain Name System，DNS），作为域名和 IP 地址相互映射的一个分布式数据库，能够使用户更方便地访问互联网，而不用去记 IP 数串。通过主机名最终得到该主机名对应的 IP 地址的过程叫作域名解析（或主机名解析）。

2. DNS 协议流程

DNS 协议运行在 TCP 或者 UDP 之上，使用的端口号为 53。DNS 在进行区域传送的时候使用 TCP（区域传送指的是一台备用服务器使用来自主服务器的数据同步自己的域数据库），其他时候则使用 UDP。

查询过程：客户向 DNS 服务器的 53 端口发送 UDP/TCP 报文，DNS 服务器收到后进行处理，并把结果记录仍以 UDP/TCP 报文的形式返回。

DNS 协议的格式如图 1-123 所示。

| ID | Flags | Questions | Answer RRs | Authority RRs | Additional RRs |

Queries

Answers

Authoritative Nameservers

Additional Records

图 1-123

1）ID：2Byte，标识符，通过随机数标识该请求。

2）Flags：2Byte，标志位设置。各位对应介绍如下：

第 1 位：msg 类型，0 为请求（query）1 为响应（response）。

第 2~5 位：opcode，查询种类，0000 表示标准请求（query）。

第 6 位：是否权威应答（应答时才有意义）。

第 7 位：因为一个 UDP 报文为 512Byte，所以该位指示是否截断超过的部分。

第 8 位：是否请求递归（该位被请求设置，应答的时候使用相同值返回）。

第 9 位：由 DNS 回复，说明 DNS 服务器是否支持递归查询（这个比特位在应答中设置或取消）。

第 10~12 位：保留位（设置为 0）。

第 13~16 位：应答码（0：没有错误，1：格式错误，2：服务器错误，3：名字错误，4：服务器不支持，5：拒绝，6~15：保留值）。

3）Questions：2Byte，报文请求段中的问题记录数。

4）Answer RRs：2Byte，报文回答段中的回答记录数。

5）Authority RRs：2Byte，报文授权段中的授权记录数。

6）Additional RRs：2Byte，报文附加段中的附加记录数。

7）Queries：查询请求内容（响应时不变即可），包括：

Name：不定长，域名（例如，www.baidu.com 需写作 3www5baidu3com0）。

Type：2Byte，查询的资源记录类型。

Class：2Byte，指定信息的协议组。

8）Answers：查询响应内容，可以有 0~n 条（请求时为空即可），包括

Name：2Byte（压缩编码），指向 Name 第一次出现的地址且前两个 bit 为 11。

Type：2Byte，响应类型。

Class：2Byte。

TTL：4Byte。

Datalength：2Byte，指接下来的数据长度，单位为 Byte。

Address/CNAME：4Byte，地址 / 不定长域名。

9）Authoritative Nameservers：

Name：2Byte（压缩编码），指向 Name 第一次出现的地址且前两个 bit 为 11。

Type：2Byte，响应类型，此处为 2（NS）。

Class：2Byte。

TTL：4Byte。

Datalength：2Byte，指接下来的数据长度，单位为 Byte。

Nameserver：6Byte。

10）Additional Records：

Name：2Byte（压缩编码），指向 Name 第一次出现的地址且前两个 bit 为 11。

Type：2Byte，响应类型。

Class：2Byte，表示类型。

TTL：4Byte。

Datalength：2Byte，指接下来的数据长度，单位为 Byte。

Address：4Byte 地址。

1.9.2 实训：运用 Wireshark 分析域名解析系统

1. 实训说明

为了理解域名解析系统的工作原理，可以利用 Wireshark 来分析域名解析系统。

2. 实训环境

主机 A 操作系统：Ubuntu Linux 32bit；
主机 A 工具集：Backtrack5；

主机 B 操作系统：Windows Server 2003。

3. 实训步骤

第一步：配置服务器和客户机的 IP 地址，如图 1-124 和图 1-125 所示。

服务器：192.168.1.112

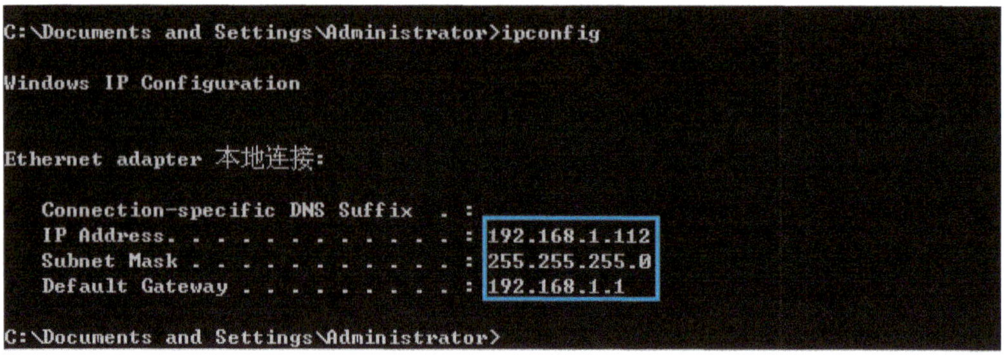

图 1-124

客户机：192.168.1.111

图 1-125

第二步：进行 DNS 服务器的 IP 配置（注意：此处 DNS 为空，并配置 DNS 服务器的网关，目的是使 DNS 服务器能够访问 Internet，与 Internet 上的 DNS 服务器之间进行递归查询），如图 1-126 所示。

第 1 章　网络协议分析与实现

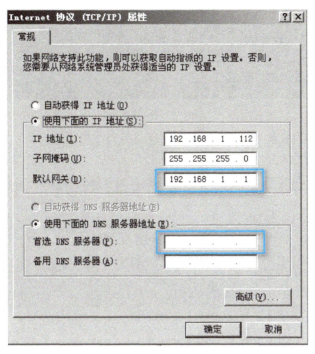

图 1-126

第三步：清空 DNS 服务器的缓存记录，如图 1-127 所示。

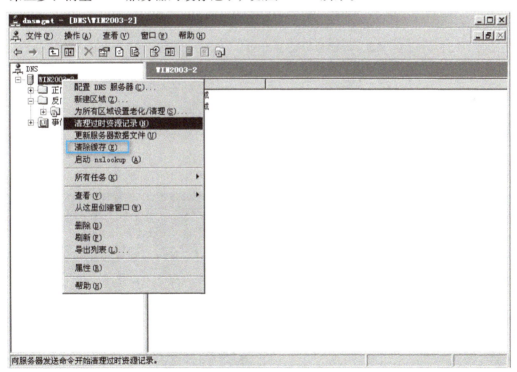

图 1-127

第四步：清空客户机的 DNS 缓存记录，如图 1-128 所示。

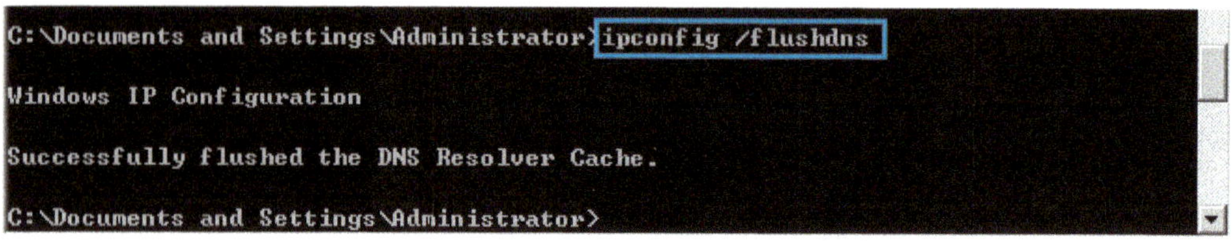

图 1-128

第五步：进行客户机的 IP 配置（注意此处网关为空是由于客户机不需要 Internet 访问，DNS 指向 192.168.1.112），如图 1-129 所示。

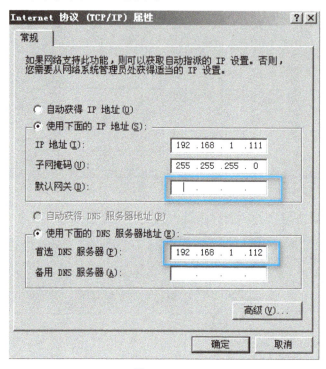

图 1-129

第六步：打开 Wireshark 程序，并配置过滤条件，如图 1-130 所示。

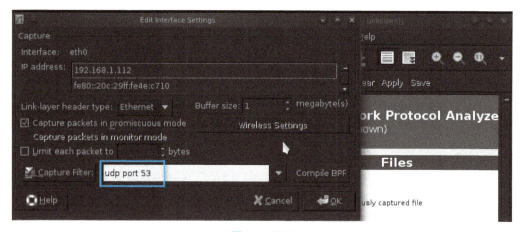

图 1-130

第1章 网络协议分析与实现

第七步：启动客户机 nslookup 程序，如图 1-131 所示。

```
C:\Documents and Settings\Administrator>nslookup
Default Server:  www.taojin.com
Address:  192.168.1.112
>
```

图 1-131

第八步：解析域名 www.baidu.com，如图 1-132 所示。

```
C:\Documents and Settings\Administrator>nslookup
Default Server:  www.taojin.com
Address:  192.168.1.112

> www.baidu.com
Server:  www.taojin.com
Address:  192.168.1.112

Non-authoritative answer:
Name:    www.a.shifen.com
Addresses:  220.181.111.188, 220.181.112.244
Aliases:  www.baidu.com
>
```

图 1-132

第九步：打开 Wireshark 程序，对照预备知识，分析 DNS 递归查询数据对象，如图 1-133 所示。

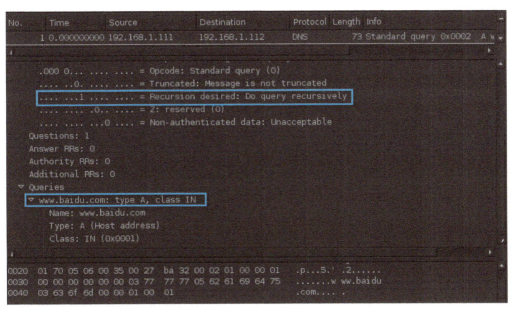

图 1-133

第十步：打开 Wireshark 程序，对照预备知识，分析 DNS 迭代查询过程，如图 1-134~图 1-139 所示。

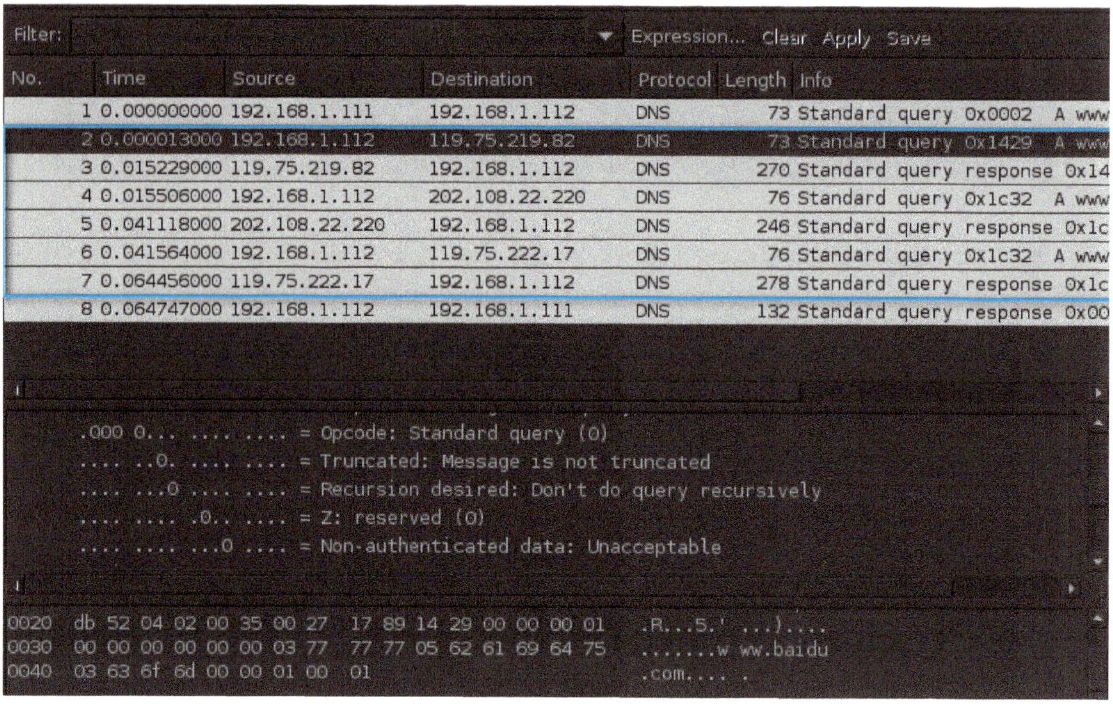

图 1-134

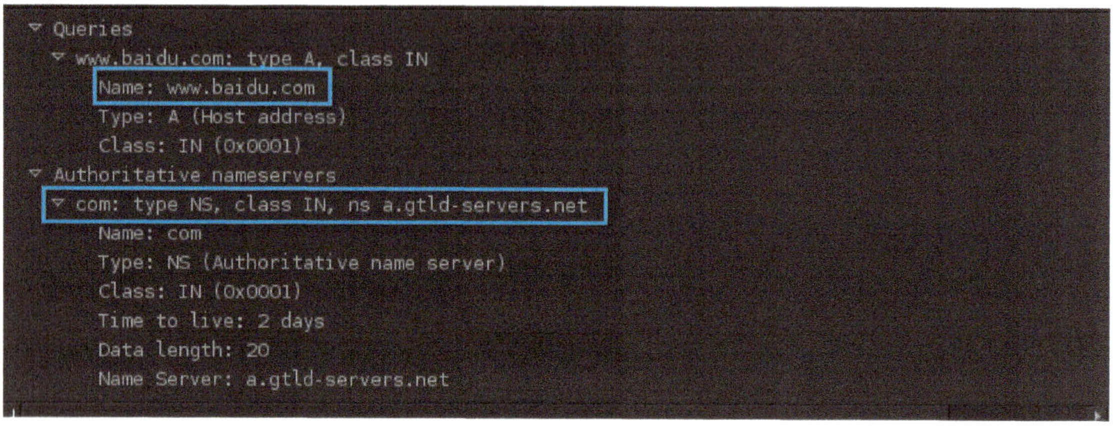

图 1-135

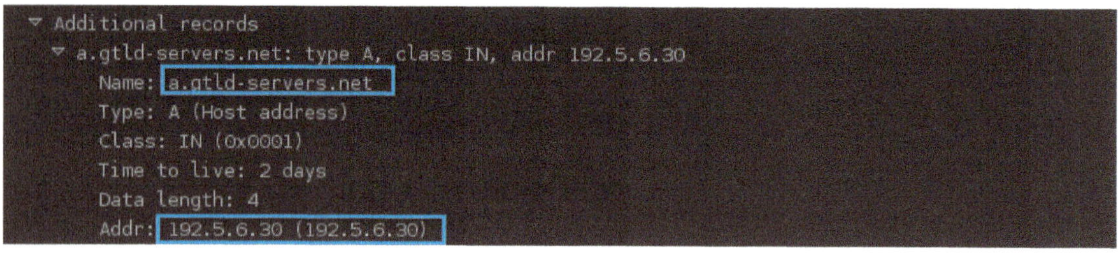

图 1-136

```
▼ Queries
   ▼ www.baidu.com: type A, class IN
         Name: www.baidu.com
         Type: A (Host address)
         Class: IN (0x0001)
▼ Authoritative nameservers
   ▼ baidu.com: type NS, class IN, ns dns.baidu.com
         Name: baidu.com
         Type: NS (Authoritative name server)
         Class: IN (0x0001)
         Time to live: 2 days
         Data length: 6
         Name Server: dns.baidu.com
```

图 1-137

```
▼ Queries
   ▼ www.baidu.com: type A, class IN
         Name: www.baidu.com
         Type: A (Host address)
         Class: IN (0x0001)
▼ Answers
   ▼ www.baidu.com: type CNAME, class IN, cname www.a.shifen.com
         Name: www.baidu.com
         Type: CNAME (Canonical name for an alias)
         Class: IN (0x0001)
         Time to live: 20 minutes
         Data length: 15
         Primaryname: www.a.shifen.com
```

图 1-138

```
▼ Queries
   ▼ www.a.shifen.com: type A, class IN
         Name: www.a.shifen.com
         Type: A (Host address)
         Class: IN (0x0001)
▼ Answers
   ▼ www.a.shifen.com: type A, class IN, addr 220.181.111.188
         Name: www.a.shifen.com
         Type: A (Host address)
         Class: IN (0x0001)
         Time to live: 5 minutes
         Data length: 4
         Addr: 220.181.111.188 (220.181.111.188)
```

图 1-139

第十一步：解析域名 www.taojin.com，如图 1-140 所示。

```
> www.taojin.com
Server:  www.taojin.com
Address: 192.168.1.112

Name:    www.taojin.com
Address: 192.168.1.112

>
```

图 1-140

第十二步：打开 Wireshark 程序，对照基础知识，分析 DNS 递归查询数据对象，如图 1-141 所示。

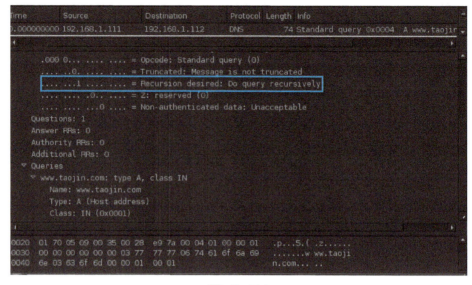

图 1-141

1.10 路由信息协议

1.10.1 路由信息协议基础知识

路由信息协议（Routing Information Protocol，RIP）报文由头部（Header）和多个路由表项（Route Entries）部分组成。一个 RIP 表项中最多可以有 25 个路由表项。RIP 是基于 UDP 的，所以 RIP 报文的数据包不能超过 512Byte。

RIP-1 的报文格式：

1）command：8bit，报文类型为 request 报文（负责向邻居请求全部或者部分路由信息）和 reponse 报文（发送自己全部或部分路由信息）。

2）version：8bit，标识 RIP 的版本号。

3）must be zero：16bit，规定必须为 0 的字段。

4）AFI（Address Family Identifier）：16bit，地址族标识，其值为 2 时表示 IP。

5）IP address：32bit，该路由的目的 IP 地址，只能是自然网段的地址。

6）metric：32bit，路由的开销值。

RIP-2 的报文格式：

1）commad：同 RIP-1。

2）version：同 RIP-1。

3）must be zero：同 RIP-1。

4）AFI：同 RIP-1。

5）route tag：16bit，外部路由标识。

6）IP address：同 RIP-1。

7）subnet mask：32bit，目的地址掩码。

8）next hop：32bit，提供一个下一跳的地址。

9）metric：同 RIP-1。

RIP-2 的验证报文：

RIP-2 为了支持报文验证，使用第一个路由表项作为验证项，并将 AFI 字段的值设为 0xFFFF 作为标识。

1）command：同 RIP-1。

2）version：同 RIP-1。

3）must be zero：16bit，必须为 0。

4）authentication type：16bit，验证类型，包括明文验证和 MD5 验证。

5）authentication：16Byte，验证字，当使用明文验证时包含了密码信息。

1.10.2 实训：运用 Python 实现路由信息协议

1. 实训说明

为了理解路由信息协议的工作原理，可以利用 Python 解释器实现路由信息协议。

2. 实训环境

主机 A 操作系统：Ubuntu Linux 32bit；

主机 A 工具集：Backtrack5；

主机 B 操作系统：CentOS Linux 32bit。

3. 实训步骤

第一步：为各主机配置 IP 地址，如图 1-142 和图 1-143 所示。

Ubuntu Linux：
IPA：192.168.1.112/24

```
root@bt:~# ifconfig eth0 192.168.1.112 netmask 255.255.255.0
root@bt:~# ifconfig
eth0      Link encap:Ethernet  HWaddr 00:0c:29:4e:c7:10
          inet addr:192.168.1.112  Bcast:192.168.1.255  Mask:255.255.255.0
          inet6 addr: fe80::20c:29ff:fe4e:c710/64 Scope:Link
          UP BROADCAST RUNNING MULTICAST  MTU:1500  Metric:1
          RX packets:311507 errors:0 dropped:0 overruns:0 frame:0
          TX packets:281506 errors:0 dropped:0 overruns:0 carrier:0
          collisions:0 txqueuelen:1000
          RX bytes:21621597 (21.6 MB)  TX bytes:62822798 (62.8 MB)
```

图 1-142

CentOS Linux：
IPB：192.168.1.100/24

```
[root@localhost ~]# ifconfig eth0 192.168.1.100 netmask 255.255.255.0
[root@localhost ~]# ifconfig
eth0      Link encap:Ethernet  HWaddr 00:0C:29:A0:3E:A2
          inet addr:192.168.1.100  Bcast:192.168.1.255  Mask:255.255.255.0
          inet6 addr: fe80::20c:29ff:fea0:3ea2/64 Scope:Link
          UP BROADCAST RUNNING MULTICAST  MTU:1500  Metric:1
          RX packets:35532 errors:0 dropped:0 overruns:0 frame:0
          TX packets:27052 errors:0 dropped:0 overruns:0 carrier:0
          collisions:0 txqueuelen:1000
          RX bytes:9413259 (8.9 MiB)  TX bytes:1836269 (1.7 MiB)
          Interrupt:59 Base address:0x2000
```

图 1-143

第二步：从渗透测试主机开启 Python 解释器，如图 1-144 所示。

```
root@bt:~# python3.3
Python 3.3.2 (default, Jul  1 2013, 16:37:01)
[GCC 4.4.3] on linux
Type "help", "copyright", "credits" or "license" for more information.
```

图 1-144

第三步：在渗透测试主机 Python 解释器中导入 Scapy 库，如图 1-145 所示。

```
Type "help", "copyright", "credits" or "license" for more information.
>>> from scapy.all import *
WARNING: No route found for IPv6 destination :: (no default route?)
>>>
```

图 1-145

第四步：查看 Scapy 库中支持的类，如图 1-146 所示。

```
>>> ls()
ARP            : ARP
ASN1_Packet    : None
BOOTP          : BOOTP
CookedLinux    : cooked linux
DHCP           : DHCP options
DHCP6          : DHCPv6 Generic Message)
DHCP6OptAuth   : DHCP6 Option - Authentication
DHCP6OptBCMCSDomains : DHCP6 Option - BCMCS Domain Name List
DHCP6OptBCMCSServers : DHCP6 Option - BCMCS Addresses List
DHCP6OptClientFQDN : DHCP6 Option - Client FQDN
DHCP6OptClientId : DHCP6 Client Identifier Option
DHCP6OptDNSDomains : DHCP6 Option - Domain Search List option
DHCP6OptDNSServers : DHCP6 Option - DNS Recursive Name Server
DHCP6OptElapsedTime : DHCP6 Elapsed Time Option
DHCP6OptGeoConf :
DHCP6OptIAAddress : DHCP6 IA Address Option (IA_TA or IA_NA suboption)
```

图 1-146

第五步：在 Scapy 库支持的类中找到 Ethernet 类，如图 1-147 所示。

```
Dot11ReassoReq  : 802.11 Reassociation Request
Dot11ReassoResp : 802.11 Reassociation Response
Dot11WEP        : 802.11 WEP packet
Dot1Q           : 802.1Q
Dot3            : 802.3
EAP             : EAP
EAPOL           : EAPOL
Ether           : Ethernet
GPRS            : GPRSdummy
GRE             : GRE
HAO             : Home Address Option
HBHOptUnknown   : Scapy6 Unknown Option
HCI_ACL_Hdr     : HCI ACL header
HCI_Hdr         : HCI header
HDLC            : None
HSRP            : HSRP
ICMP            : ICMP
ICMPerror       : ICMP in ICMP
```

图 1-147

第1章　网络协议分析与实现

第六步：实例化 Ethernet 类的一个对象，对象的名称为 eth，如图 1-148 所示。

```
>>>
>>> eth = Ether()
>>>
```

图 1-148

第七步：查看对象 eth 的各属性，如图 1-149 所示。

```
>>> eth.show()
###[ Ethernet ]###
WARNING: Mac address to reach destination not found. Using broadcast.
  dst= ff:ff:ff:ff:ff:ff
  src= 00:00:00:00:00:00
  type= 0x0
>>>
```

图 1-149

第八步：实例化 IP 类的一个对象，对象的名称为 ip，并查看对象 ip 的各个属性，如图 1-150 所示。

```
>>> ip = IP()
>>> ip.show()
###[ IP ]###
  version= 4
  ihl= None
  tos= 0x0
  len= None
  id= 1
  flags=
  frag= 0
  ttl= 64
  proto= ip
  chksum= 0x0
  src= 127.0.0.1
  dst= 127.0.0.1
  options= ''
>>>
```

图 1-150

第九步：实例化 UDP 类的一个对象，对象的名称为 udp，并查看对象 udp 的各个属性，如图 1-151 所示。

```
>>> udp = UDP()
>>>
>>>
>>> udp.show()
###[ UDP ]###
  sport= domain
  dport= domain
  len= None
  chksum= 0x0
>>>
```

图 1-151

第十步：实例化 RIP 类的一个对象，对象的名称为 rip，并查看对象 rip 的各个属性，如图 1-152 所示。

65

```
>>> rip = RIP()
>>> rip.show()
###[ RIP header ]###
  cmd= req
  version= 1
  null= 0
```

图 1-152

第十一步：实例化 RIPEntry 类的一个对象，对象的名称为 ripentry，并查看对象 ripentry 的各个属性，如图 1-153 所示。

```
>>> ripentry = RIPEntry()
>>> ripentry.show()
###[ RIP entry ]###
  AF= IP
  RouteTag= 0
  addr= 0.0.0.0
  mask= 0.0.0.0
  nextHop= 0.0.0.0
  metric= 1
```

图 1-153

第十二步：将对象联合 eth、ip、udp、rip、ripentry 构造为复合数据类型 packet，并查看 packet 的各个属性，如图 1-154~图 1-156 所示。

```
>>> packet = eth/ip/udp/rip/ripentry
```

图 1-154

```
>>> packet.show()
###[ Ethernet ]###
  dst= ff:ff:ff:ff:ff:ff
  src= 00:00:00:00:00:00
  type= 0x800
###[ IP ]###
     version= 4
     ihl= None
     tos= 0x0
     len= None
     id= 1
     flags=
     frag= 0
     ttl= 64
     proto= udp
     chksum= 0x0
     src= 127.0.0.1
     dst= 127.0.0.1
     options= ''
###[ UDP ]###
        sport= domain
        dport= route
        len= None
        chksum= 0x0
###[ RIP header ]###
           cmd= req
           version= 1
           null= 0
###[ RIP entry ]###
              AF= IP
```

图 1-155

```
        RouteTag= 0
        addr= 0.0.0.0
        mask= 0.0.0.0
        nextHop= 0.0.0.0
        metric= 1
```

图 1-156

第十三步：将 packet[IP].src 赋值为本地 OS（操作系统）的 IP 地址，如图 1-157 所示。

```
>>> packet[IP].src = "192.168.1.112"
>>>
```

图 1-157

第十四步：将 packet[IP].dst 赋值为 224.0.0.9，并查看 packet 的各个属性，如图 1-158 所示。

```
>>> packet[IP].dst = "224.0.0.9"
>>> packet.show()
###[ Ethernet ]###
  dst= 01:00:5e:00:00:09
WARNING: No route found (no default route?)
  src= 00:00:00:00:00:00
  type= 0x800
###[ IP ]###
     version= 4
     ihl= None
     tos= 0x0
     len= None
     id= 1
     flags=
     frag= 0
     ttl= 64
     proto= udp
     chksum= 0x0
     src= 192.168.1.112
     dst= 224.0.0.9
```

图 1-158

第十五步：将 packet[Ethernet].src 赋值为本地 OS（操作系统）的 MAC 地址，如图 1-159 所示。

```
>>> packet[Ether].src = "00:0c:29:4e:c7:10"
>>> packet.show()
###[ Ethernet ]###
  dst= 01:00:5e:00:00:09
  src= 00:0c:29:4e:c7:10
  type= 0x800
###[ IP ]###
     version= 4
     ihl= None
     tos= 0x0
     len= None
     id= 1
     flags=
     frag= 0
     ttl= 64
     proto= udp
     chksum= 0x0
     src= 192.168.1.112
     dst= 224.0.0.9
```

图 1-159

第十六步：将 packet[UDP].sport，packet[UDP].dport 都赋值为 int 类型数据 520，如图

1-160 所示。

```
>>> packet[UDP].sport = 520
>>> packet[UDP].dport = 520
>>> packet.show()
###[ Ethernet ]###
  dst= 01:00:5e:00:00:09
  src= 00:0c:29:4e:c7:10
  type= 0x800
###[ IP ]###
     version= 4
     ihl= None
     tos= 0x0
     len= None
     id= 1
     flags=
     frag= 0
     ttl= 64
     proto= udp
     chksum= 0x0
     src= 192.168.1.112
     dst= 224.0.0.9
     options= ''
###[ UDP ]###
        sport= route
        dport= route
        len= None
        chksum= 0x0
```

图 1-160

第十七步：将 packet[RIPEntry].metric 赋值为 int 类型数据 16，并查看当前 packet 的各个属性，如图 1-161 和图 1-162 所示。

```
>>> packet[RIPEntry].metric = 16
>>> packet.show()
```

图 1-161

```
###[ RIP entry ]###
           AF= IP
           RouteTag= 0
           addr= 0.0.0.0
           mask= 0.0.0.0
           nextHop= 0.0.0.0
           metric= Unreach
```

图 1-162

第十八步：打开 Wireshark 程序并设置过滤条件，如图 1-163 所示。

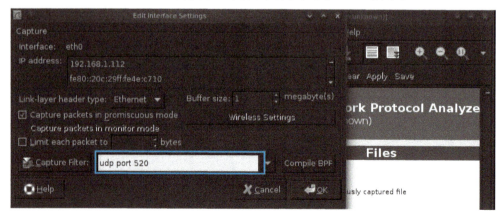

图 1-163

第十九步：通过 sendp（）函数将 packet 进行发送，如图 1-164 所示。

```
>>> N = sendp(packet)
.
Sent 1 packets.
>>>
```

图 1-164

第二十步：查看 Wireshark 捕获到的 Packet 对象，对照基础知识，分析 RIP 协议数据对象，如图 1-165 所示。

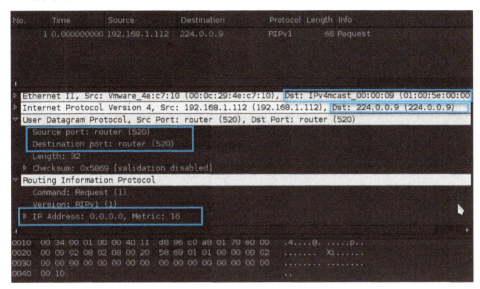

图 1-165

1.11 超文本传输协议

1.11.1 超文本传输协议基础知识

1. 基本概念

超文本传输协议（Hyper Text Transfer Protocol，HTTP）是用于从万维网（World Wide Web，WWW）服务器传输超文本到本地浏览器的传送协议。

HTTP 基于 TCP/IP 来传送数据（HTML 文件，图片文件，查询结果等）。

2. 工作原理

HTTP 工作于客户端 – 服务器的架构之上，浏览器作为 HTTP 的客户端通过 URL 向 HTTP 服务端即 Web 服务器发送所有请求。

Web 服务器有 Apache 服务器，IIS（Internet Information Services）服务器等。

Web 服务器根据接收到的请求向客户端发送响应信息。

HTTP 的默认端口号为 80，也可以改为 8080 或者其他端口。

HTTP 的注意事项：

1）HTTP 是无连接的：无连接的含义是限制每次连接只处理一个请求。服务器处理完客户的请求并收到客户的应答后即断开连接，采用这种方式可以节省传输时间。

2）HTTP 是媒体独立的：这意味着，只要客户端和服务器知道该如何处理数据的内容，任何类型的数据都可以通过 HTTP 发送。客户端以及服务器来指定使用适合的 MIME-Type 内容类型。

HTTP 是无状态的：无状态是指协议对于事务处理没有记忆能力，这意味着如果后续处理需要前面的信息，则它必须重传，这样可能会导致每次连接传送的数据量增大。但是另一方面，在服务器不需要先前信息时它的应答就较快。

3.HTTP 消息结构

HTTP 基于客户端/服务器（C/S）的架构模型，通过一个可靠的链接来交换信息，是一个无状态的请求/响应协议。

一个 HTTP 客户端是一个应用程序（Web 浏览器或其他任何客户端），通过连接到服务器达到向服务器发送一个或多个 HTTP 请求的目的。

一个 HTTP 服务器同样也是一个应用程序（通常是一个 Web 服务器，如 Apache Web 服务器或 IIS 服务器等），通过接收客户端的请求并向客户端发送 HTTP 响应数据。

HTTP 使用统一资源标识符（Uniform Resource Identifiers，URI）来传输数据和建立连接。

一旦建立连接后，数据消息就通过类似 Internet 邮件所使用的格式 RFC5322 和多用途 Internet 邮件扩展（MIME）RFC2045 来传送。

4. 客户端请求消息

客户端发送一个 HTTP 请求到服务器的消息包括请求行（Request Line）、请求头部（Header）、空行和请求数据 4 个部分，请求报文的一般格式如图 1-166 所示。

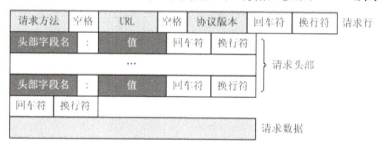

图 1-166

5. 服务器响应消息

HTTP 响应也由 4 个部分组成，分别是状态行、消息报头、空行和响应正文，如图 1-167 所示。

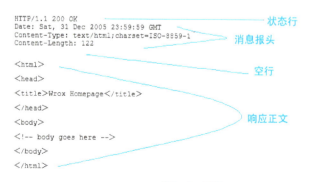

图 1-167

典型的使用 GET 来传递数据的实例如下。

1）客户端请求，如图 1-168 所示。

```
GET /hello.txt HTTP/1.1
User-Agent: curl/7.16.3 libcurl/7.16.3 OpenSSL/0.9.71 zlib/1.2.3
Host: www.example.com
Accept-Language: en, mi
```

图 1-168

2）服务端响应，如图 1-169 所示。

```
HTTP/1.1 200 OK
Date: Mon, 27 Jul 2009 12:28:53 GMT
Server: Apache
Last-Modified: Wed, 22 Jul 2009 19:15:56 GMT
ETag: "34aa387-d-1568eb00"
Accept-Ranges: bytes
Content-Length: 51
Vary: Accept-Encoding
Content-Type: text/plain
```

图 1-169

6. HTTP 请求方法

根据 HTTP 标准，HTTP 请求可以使用多种请求方法。

HTTP1.0 定义了 3 种请求方法：GET, POST 和 HEAD 方法。

HTTP1.1 新增了 5 种请求方法：OPTIONS, PUT, DELETE, TRACE 和 CONNECT 方法，见表 1-2。

表 1-2

序号	方法	描述
1	GET	请求指定的页面信息，并返回实体主体
2	HEAD	类似于 GET 请求，只不过返回的响应中没有具体的内容，用于获取报头
3	POST	向指定资源提交数据来处理请求（如提交表单或者上传文件），数据被包含在请求体中，POST 请求可能会造成新资源的建立和 / 或已有资源的修改
4	PUT	从客户端向服务器传送的数据取代指定的文档内容
5	DELETE	请求服务器删除指定的页面
6	CONNECT	HTTP1.1 中预留给能够将连接改为管道方式的代理服务器
7	OPTIONS	允许客户端查看服务器的性能
8	TRACE	回显服务器收到的请求，主要用于测试或诊断

7. HTTP 响应头信息

HTTP 响应头信息提供了关于请求、响应或者其他的发送实体的信息，见表 1-3。

表 1-3

响应头	说明
Allow	服务器支持的请求方法（如 GET、POST 等）
Content - Encoding	文档的编码（Encode）方法。只有在解码之后才可以得到 Content-Type 头指定的内容类型，利用 gzip 压缩文档能够显著地减少 HTML 文档的下载时间。Java 的 GZIPOutputStream 可以很方便地进行 gzip 压缩，但只有 Unix 上的 Netscape 和 Windows 上的 IE4、IE5 才支持它。因此，应该通过查看 Accept-Encoding 头（即 request.getHeader("Accept-Encoding")）来检查浏览器是否支持 gzip，为支持 gzip 的浏览器返回经 gzip 压缩的 HTML 页面，为其他浏览器返回普通页面
Content - Length	表示内容长度。只有当浏览器使用持久 HTTP 连接时才需要这个数据，如果想要利用持久连接的优势，可以把输出文档写入 Byte Array Output Stream，完成后查看其大小，然后把该值放入 Content-Length 头，最后通过 ByteArrayStream.writeTo(response.getOutputStream()) 发送内容
Content - Type	表示后面的文档所属的 MIME 类型。默认为 text/plain，但通常需要显式地指定为 text/html。由于经常要设置 Content-Type，因此 HttpServletResponse 提供了一个专用的方法 setContentType
Date	当前的 GMT 时间，可以用 setDateHeader 来设置这个头以避免转换时间格式的麻烦
Expires	文档的过期时间，过期后不再缓存
Last-Modified	文档的最后改动时间。客户可以通过 If-Modified-Since 来请求头提供一个日期，该请求将被视为一个条件 GET，只有改动时间迟于指定时间的文档才会返回，否则返回 304（Not Modified）状态。Last-Modified 也可用 SetDateHeader 方法来设置
Location	表示客户提取文档的位置。Location 通常不是直接设置的，而是通过 HttpServletResponse 的 sendRedirect 方法，该方法同时设置状态代码为 302
Refresh	表示浏览器应该在多长时间之后刷新文档，单位为秒（s）。除了刷新当前文档之外，还可以通过 setHeader("Refresh","5; URL=http://host/path") 让浏览器读取指定的页面。 注意：这种功能通常是通过设置 HTML 页面 HEAD 区的 <META HTTP-EQUIV="Refresh" CONTENT="5; URL=http://host/path"> 实现，这是因为自动刷新或重定向对于那些不能使用 CGI 或 Servlet 的 HTML 编写者十分重要。但是对于 Servlet 来说，直接设置 Refresh 头更加方便。 注意：Refresh 的意义是"N 秒之后刷新本页面或访问指定页面"，而不是"每隔 N 秒刷新本页面或访问指定页面"。因此，连续刷新要求每次都发送一个 Refresh 头，而发送 204 状态代码则可以阻止浏览器继续刷新，不管是使用 Refresh 头还是 <META HTTP-EQUIV="Refresh" ...>。 注意：Refresh 头不属于 HTTP 1.1 正式规范的一部分，而是一个扩展，但 Netscape 和 IE 都支持它
Server	服务器名称。一般不设置这个值，由 Web 服务器自己设置
Set-Cookie	设置和页面关联的 Cookie。不应使用 response.setHeader("Set-Cookie",…)，而应使用 HttpServletResponse 提供的专用方法 addCookie

8. HTTP 状态码

当浏览者访问一个网页时，浏览者的浏览器会向网页所在服务器发出请求。在浏览器接收并显示网页前，此网页所在的服务器会返回一个包含 HTTP 状态码的信息头（Server Header）用以响应浏览器的请求。

HTTP 状态码的英文为 HTTP Status Code。

常见的 HTTP 状态码如下：

200 – 请求成功；

301 – 资源（网页等）被永久转移到其他 URL；

404 – 请求的资源（网页等）不存在；

500 – 内部服务器错误。

HTTP 状态码分类：

HTTP 状态码由 3 个十进制数字组成，第一个十进制数字定义了状态码的类型，后两个数字没有分类的作用。HTTP 状态码共分为 5 种类型，见表1–4。各类对应的状态码见表1–5。

表 1–4

分类	分类描述
1**	信息，服务器收到请求，需要请求者继续执行操作
2**	成功，操作被成功接收并处理
3**	重定向，需要进一步的操作以完成请求
4**	客户端错误，请求包含语法错误或无法完成请求
5**	服务器错误，服务器在处理请求的过程中发生了错误

表 1–5

状态码	状态码英文名称	中文描述
100	Continue	继续。客户端应继续其请求
101	Switching Protocols	切换协议。服务器根据客户端的请求切换协议，只能切换到更高级的协议，例如，切换到 HTTP 的新版本协议
200	OK	请求成功。一般用于 GET 与 POST 请求
201	Created	已创建。成功请求并创建了新的资源
202	Accepted	已接受。已经接受请求，但未处理完成
203	Non-Authoritative Information	非授权信息。请求成功。但返回的 META 信息不在原始的服务器，而是一个副本
204	No Content	无内容。服务器成功处理，但未返回内容。在未更新网页的情况下，可确保浏览器继续显示当前文档

（续）

状态码	状态码英文名称	中文描述
205	Reset Content	重置内容。服务器处理成功，用户终端（如浏览器）应重置文档视图。可通过此返回码清除浏览器的表单域
206	Partial Content	部分内容。服务器成功处理了部分 GET 请求
300	Multiple Choices	多种选择。请求的资源可包括多个位置，相应可返回一个资源特征与地址的列表用于用户终端（如浏览器）选择
301	Moved Permanently	永久移动。请求的资源已被永久地移动到新 URI，返回信息会包括新的 URI，浏览器会自动定向到新的 URI，今后任何新的请求都应使用新的 URI
302	Found	临时移动。与 301 类似，但资源只是临时被移动，客户端应继续使用原有 URI
303	See Other	查看其他地址。与 301 类似，使用 GET 和 POST 请求查看
304	Not Modified	未修改。所请求的资源未修改，服务器返回此状态码时，不会返回任何资源。客户端通常会缓存访问过的资源，通过提供一个头信息来指出客户端所希望返回的指定日期之后修改的资源
305	Use Proxy	使用代理。所请求的资源必须通过代理访问
306	Unused	已经被废弃的 HTTP 状态码
307	Temporary Redirect	临时重定向。与 302 类似，使用 GET 请求重定向
400	Bad Request	客户端请求的语法错误，服务器无法理解
401	Unauthorized	对请求要求用户的身份认证
402	Payment Required	保留，将来使用
403	Forbidden	服务器理解客户端的请求，但是拒绝执行此请求
404	Not Found	服务器无法根据客户端的请求找到资源（网页）。通过此代码，网站设计人员可设置"您所请求的资源无法找到"的个性页面
405	Method Not Allowed	客户端请求中的方法被禁止
406	Not Acceptable	服务器无法根据客户端请求的内容特性完成请求
407	Proxy Authentication Required	请求要求代理的身份认证，与 401 类似，但请求者应当使用代理进行授权

（续）

状态码	状态码英文名称	中文描述
408	Request Time-out	服务器等待客户端发送的请求时间过长，超时
409	Conflict	服务器完成客户端的 PUT 请求时可能返回此代码，表示服务器处理请求时发生了冲突
410	Gone	客户端请求的资源已经不存在。410 不同于 404，如果资源以前有但现在被永久删除了可使用 410 代码，网站设计人员可通过 301 代码指定资源的新位置
411	Length Required	服务器无法处理客户端发送的不带 Content-Length 的请求信息
412	Precondition Failed	客户端请求信息的先决条件错误
413	Request Entity Too Large	由于请求的实体过大，服务器无法处理，因此拒绝请求。为防止客户端的连续请求，服务器可能会关闭连接。如果只是服务器暂时无法处理，则会包含一个 Retry-After 的响应信息
414	Request-URI Too Large	请求的 URI 过长（URI 通常为网址），服务器无法处理
415	Unsupported Media Type	服务器无法处理请求附带的媒体格式
416	Requested Range Not Satisfiable	客户端请求的范围无效
417	Expectation Failed	服务器无法满足 Expect 的请求头信息
500	Internal Server Error	服务器内部错误，无法完成请求
501	Not Implemented	服务器不支持请求的功能，无法完成请求
502	Bad Gateway	充当网关或代理的服务器，从远端服务器接收到了一个无效的请求
503	Service Unavailable	由于超载或系统维护，服务器暂时无法处理客户端的请求。延时的长度可包含在服务器的 Retry-After 头信息中
504	Gateway Time-out	充当网关或代理的服务器，未及时从远端服务器获取请求
505	HTTP Version Not Supported	服务器不支持请求的 HTTP 版本，无法完成处理

1.11.2 实训：运用 Wireshark 分析超文本传输协议

1. 实训说明

为了理解超文本传输协议的工作原理，可以利用 Wireshark 分析超文本传输协议。

2. 实训环境

主机 A 操作系统：Ubuntu Linux 32bit；
主机 A 工具集：Backtrack5；
主机 B 操作系统：CentOS Linux 32bit。

3. 实训步骤

第一步：为各主机配置 IP 地址，如图 1-170 和图 1-171 所示。

Ubuntu Linux：
IPA：192.168.1.112/24

```
root@bt:~# ifconfig eth0 192.168.1.112 netmask 255.255.255.0
root@bt:~# ifconfig
eth0      Link encap:Ethernet  HWaddr 00:0c:29:4e:c7:10
          inet addr:192.168.1.112  Bcast:192.168.1.255  Mask:255.255.255.0
          inet6 addr: fe80::20c:29ff:fe4e:c710/64 Scope:Link
          UP BROADCAST RUNNING MULTICAST  MTU:1500  Metric:1
          RX packets:311507 errors:0 dropped:0 overruns:0 frame:0
          TX packets:281506 errors:0 dropped:0 overruns:0 carrier:0
          collisions:0 txqueuelen:1000
          RX bytes:21621597 (21.6 MB)  TX bytes:62822798 (62.8 MB)
```

图 1-170

CentOS Linux：
IPB：192.168.1.100/24

```
[root@localhost ~]# ifconfig eth0 192.168.1.100 netmask 255.255.255.0
[root@localhost ~]# ifconfig
eth0      Link encap:Ethernet  HWaddr 00:0C:29:A0:3E:A2
          inet addr:192.168.1.100  Bcast:192.168.1.255  Mask:255.255.255.0
          inet6 addr: fe80::20c:29ff:fea0:3ea2/64 Scope:Link
          UP BROADCAST RUNNING MULTICAST  MTU:1500  Metric:1
          RX packets:35532 errors:0 dropped:0 overruns:0 frame:0
          TX packets:27052 errors:0 dropped:0 overruns:0 carrier:0
          collisions:0 txqueuelen:1000
          RX bytes:9413259 (8.9 MiB)  TX bytes:1836269 (1.7 MiB)
          Interrupt:59 Base address:0x2000
```

图 1-171

第二步：打开 Wireshark，并配置如下抓包过滤条件，如图 1-172 所示。
tcp port 80 and ip host 192.168.1.100 and 192.168.1.112

第 1 章　网络协议分析与实现

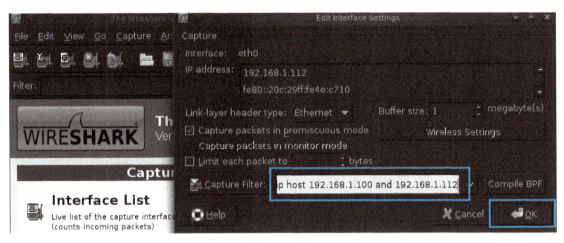

图 1-172

第三步：打开浏览器，通过 HTTP 访问 192.168.1.100 的 TestConn.php 文件，如图 1-173 所示。

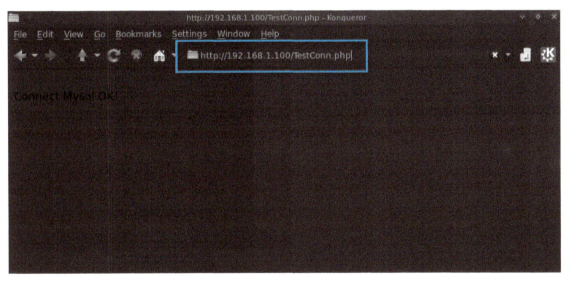

图 1-173

第四步：打开 Wireshark，分析 HTTP 流量，首先是 TCP 建立连接，如图 1-174 所示。

图 1-174

第五步：对照预备知识，分析 HTTP 请求数据对象，如图 1-175 所示。

```
Hypertext Transfer Protocol
  GET /TestConn.php HTTP/1.1\r\n
    [Expert Info (Chat/Sequence): GET /TestConn.php HTTP/1.1\r\n]
    Request Method: GET
    Request URI: /TestConn.php
    Request Version: HTTP/1.1
  Host: 192.168.1.100\r\n
  Connection: Keep-Alive\r\n
  User-Agent: Mozilla/5.0 (compatible; Konqueror/4.5; Linux) KHTML/4.5.3 (like Gecko) Kubuntu\
  Accept: text/html, image/jpeg;q=0.9, image/png;q=0.9, text/*;q=0.9, image/*;q=0.9, */*;q=0.8
  Accept-Encoding: x-gzip, x-deflate, gzip, deflate\r\n
  Accept-Charset: utf-8, utf-8;q=0.5, *;q=0.5\r\n
  Accept-Language: en-US,en;q=0.9\r\n
  \r\n
```

图 1-175

第六步：对照预备知识，分析 HTTP 响应头部对象，如图 1-176 所示。

```
HTTP/1.1 200 OK\r\n
  [Expert Info (Chat/Sequence): HTTP/1.1 200 OK\r\n]
  Request Version: HTTP/1.1
  Status Code: 200
  Response Phrase: OK
Date: Tue, 23 Jan 2018 23:42:59 GMT\r\n
Server: Apache/2.2.3 (CentOS)\r\n
X-Powered-By: PHP/5.1.6\r\n
Content-Length: 22\r\n
Connection: close\r\n
Content-Type: text/html; charset=UTF-8\r\n
\r\n
Line-based text data: text/html
  </br>Connect Mysql OK!
```

图 1-176

第七步：对照基础知识，分析 HTTP 响应数据对象，如图 1-177 所示。

```
HTTP/1.1 200 OK\r\n
  [Expert Info (Chat/Sequence): HTTP/1.1 200 OK\r\n]
  Request Version: HTTP/1.1
  Status Code: 200
  Response Phrase: OK
Date: Tue, 23 Jan 2018 23:42:59 GMT\r\n
Server: Apache/2.2.3 (CentOS)\r\n
X-Powered-By: PHP/5.1.6\r\n
Content-Length: 22\r\n
Connection: close\r\n
Content-Type: text/html; charset=UTF-8\r\n
\r\n
Line-based text data: text/html
  </br>Connect Mysql OK!
```

图 1-177

第八步：查看 HTTP 响应数据对象在浏览器中的显示，如图 1-178 所示。

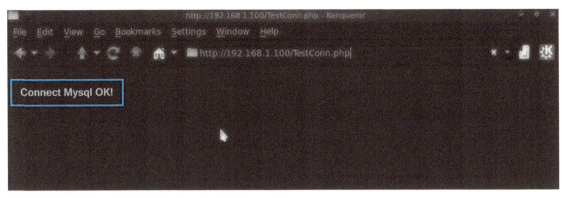

图 1-178

第九步：打开 Wireshark，分析 HTTP 流量，以断开 TCP 连接为结束，如图 1-179 所示。

No.	Time	Source	Destination	Protocol	Length	Info
7	0.045658000	192.168.1.112	192.168.1.100	TCP	66	40669 > http [ACK] Seq=392 A
8	0.045742000	192.168.1.100	192.168.1.112	TCP	66	http > 40669 [FIN, ACK] Seq=
9	0.046555000	192.168.1.112	192.168.1.100	TCP	66	40669 > http [FIN, ACK] Seq=
10	0.047244000	192.168.1.100	192.168.1.112	TCP	66	http > 40669 [ACK] Seq=215 A

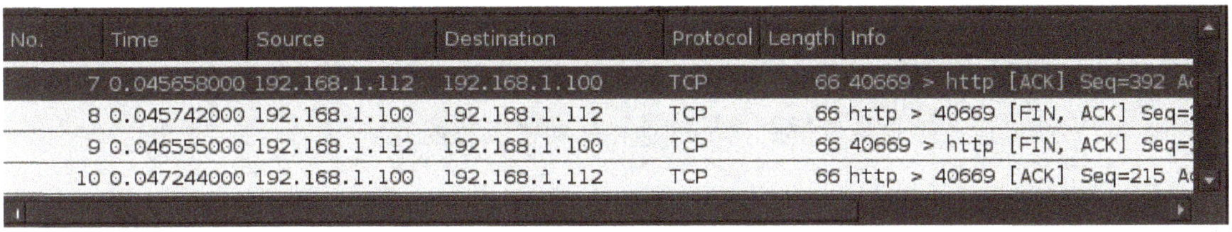

图 1-179

1.12 文件传输协议

1.12.1 文件传输协议基础知识

1. 基本概念

文件传输协议（File Transfer Protocol，FTP）作为网络共享文件的传输协议，在网络应用软件中具有广泛的应用。FTP 的目标是提高文件的共享性，可靠、高效地传送数据。

在传输文件时，FTP 客户端程序先与服务器建立连接，再向服务器发送命令。服务器收到命令后给予响应，并执行命令。FTP 与操作系统无关，任何操作系统上的程序只要符合 FTP 就可以相互传输数据。

FTP 相比 HTTP 要复杂一些，与一般的 C/S 应用的不同在于一般的 C/S 应用程序通常只会建立一个 Socket 连接，这个连接同时处理服务器端和客户端的连接命令和数据传输；而 FTP 中将命令与数据分开传送，提高了效率。

FTP 使用 2 个端口，一个数据端口和一个命令端口（也叫作控制端口），这两个端口一般是 21 （命令端口）和 20 （数据端口）。控制 Socket 用来传送命令，数据 Socket 则是用来传送数据。每一个 FTP 命令发送后，FTP 服务器都会返回一个字符串，包括一个响应代码和一些说明信息，其中的返回码主要是用于判断命令是否被成功执行了。

（1）命令端口

一般来说，客户端有一个 Socket 用来连接 FTP 服务器的相关端口，它负责 FTP 命令的发送以及接收返回的响应信息。一些操作如“登录”“改变目录”“删除文件”等可依靠这个连接来发送命令完成。

（2）数据端口

对于有数据传输的操作，主要是显示目录列表，上传、下载文件需要依靠另一个 Socket 来完成。

如果使用被动模式，通常服务器端会返回一个端口号。客户端需要另开一个 Socket 来连接这个端口，然后可根据操作来发送命令，数据会通过新开的一个端口传输。

如果使用主动模式，通常客户端会发送一个端口号给服务器端，并在这个端口监听。服务器需要连接到客户端开启的这个数据端口，并进行数据传输。

下面对 FTP 的主动模式和被动模式做一个简单的介绍。

（1）主动模式（PORT）：

主动模式下，客户端随机打开一个大于 1024 的端口向服务器的命令端口 P（即 21 端口）发起连接，同时开放 N+1 端口监听，并向服务器发出 "port N+1" 命令，由服务器从它自己的数据端口（20）主动连接到客户端指定的数据端口（N+1）。

FTP 的客户端只是告诉服务器自己的端口号，让服务器来连接客户端指定的端口。对于客户端的防火墙来说，这是从外部到内部的连接，可能会被阻塞。

（2）被动模式（PASV）：

为了解决由服务器发起的连接到客户端的问题，有了另一种 FTP 连接方式，即被动方式。命令连接和数据连接都由客户端发起，这样就解决了从服务器到客户端的数据端口的连接被防火墙过滤的问题。

被动模式下，当开启一个 FTP 连接时，客户端打开两个任意的本地端口（N > 1024 和 N+1）。

第一个端口连接服务器的 21 端口，提交 PASV 命令。然后，服务器会开启一个任意的端口（P > 1024），返回如 "227 entering passive mode（127,0,0,1,4,18）" 的内容。它返回了 227 开头的信息，在括号中有以逗号隔开的 6 个数字，前 4 个是指服务器的地址，倒数第二个数字乘 256 再加上最后一个数字，就是 FTP 服务器开放的用来进行数据传输的端口。因此，如果得到 "227 entering passive mode（h1,h2,h3,h4,p1,p2）"，那么端口号是 p1×256+p2，IP 地址为 h1.h2.h3.h4。这意味着在服务器上有一个端口被开放，客户端收到命令取得端口号之后，会通过 N+1 端口连接服务器的端口 P，然后在两个端口之间进行数据传输。

2. FTP 命令

FTP 的每个命令都由 3～4 个字母组成，命令后面为参数，用空格分开。每个命令都以 "\r\n" 结束。

要下载或上传一个文件，首先要登入 FTP 服务器，然后发送命令，最后退出。这个过程中，主要用到的命令有 USER、PASS、SIZE、REST、CWD、RETR、PASV、PORT、QUIT、STOR 等。

1）USER：指定用户名。通常是控制连接后第一个发出的命令。例如，"USER yueda\r\n" 表示：用户名为 yueda 登录。

2）PASS：指定用户密码。该命令紧跟在 USER 命令后。例如，"PASS yueda\r\n" 表示：密码为 yueda。

3）SIZE：从服务器上返回指定文件的大小。例如，"SIZE file.txt\r\n" 表示：如果 file.

txt 文件存在，则返回该文件的大小。

4）CWD：改变工作目录。例如，"CWD dirname\r\n"。

5）PASV：让服务器在数据端口监听，进入被动模式。例如，"PASV\r\n"。

6）PORT：告诉 FTP 服务器客户端监听的端口号，让 FTP 服务器采用主动模式连接客户端。例如，"PORT h1,h2,h3,h4,p1,p2"。

7）RETR：下载文件。例如，"RETR file.txt \r\n"表示：下载文件 file.txt。

8）STOR：上传文件。例如，"STOR file.txt\r\n"表示：上传文件 file.txt。

9）REST：该命令并不传送文件，而是略过指定点后的数据。此命令后应该跟有其他要求文件传输的 FTP 命令。例如，"REST 100\r\n"表示：重新指定文件传送的偏移量为 100 Byte。

10）QUIT：关闭与服务器的连接。

3. FTP 响应码

客户端发送 FTP 命令后，服务器返回响应码。

响应码用 3 位数字编码表示：

第一个数字给出了命令状态的一般性指示，比如响应成功、失败或不完整。

第二个数字是响应类型的分类，例如，2 代表跟连接有关的响应，3 代表用户认证。

第三个数字提供了更加详细的信息。

1）第一个数字的含义如下：

1 表示服务器正确接收信息，还未处理。

2 表示服务器已经正确处理信息。

3 表示服务器正确接收信息，正在处理。

4 表示信息暂时错误。

5 表示信息永久错误。

2）第二个数字的含义如下：

0 表示语法。

1 表示系统状态和信息。

2 表示连接状态。

3 表示与用户认证有关的信息。

4 表示未定义。

5 表示与文件系统有关的信息。

4. Socket 编程的重要步骤

Socket 客户端编程的主要步骤如下：

1）socket（）：创建一个 Socket。

2）connect（）：与服务器连接。

3）write（）和 read（）：进行会话。

4）close（）：关闭 Socket。

Socket 服务器端编程的主要步骤如下：

1）socket（）：创建一个 Socket。

2）bind（　）。

3）listen（　）：监听。

4）accept（　）：接收连接的请求。

5）write（　）和 read（　）：进行会话。

6）close（　）：关闭 Socket。

1.12.2 实训：运用 Wireshark 分析文件传输协议

1. 实训说明

为了理解文件传输协议的工作原理，可以利用 Wireshark 分析文件传输协议。

2. 实训环境

主机 A 操作系统：Ubuntu Linux 32bit；

主机 A 工具集：Backtrack5；

主机 B 操作系统：Windows Server 2003。

3. 实训步骤

第一步：为各主机配置 IP 地址，如图 1-180 和图 1-181 所示。

Windows Server 2003：

IPA：192.168.1.111/24

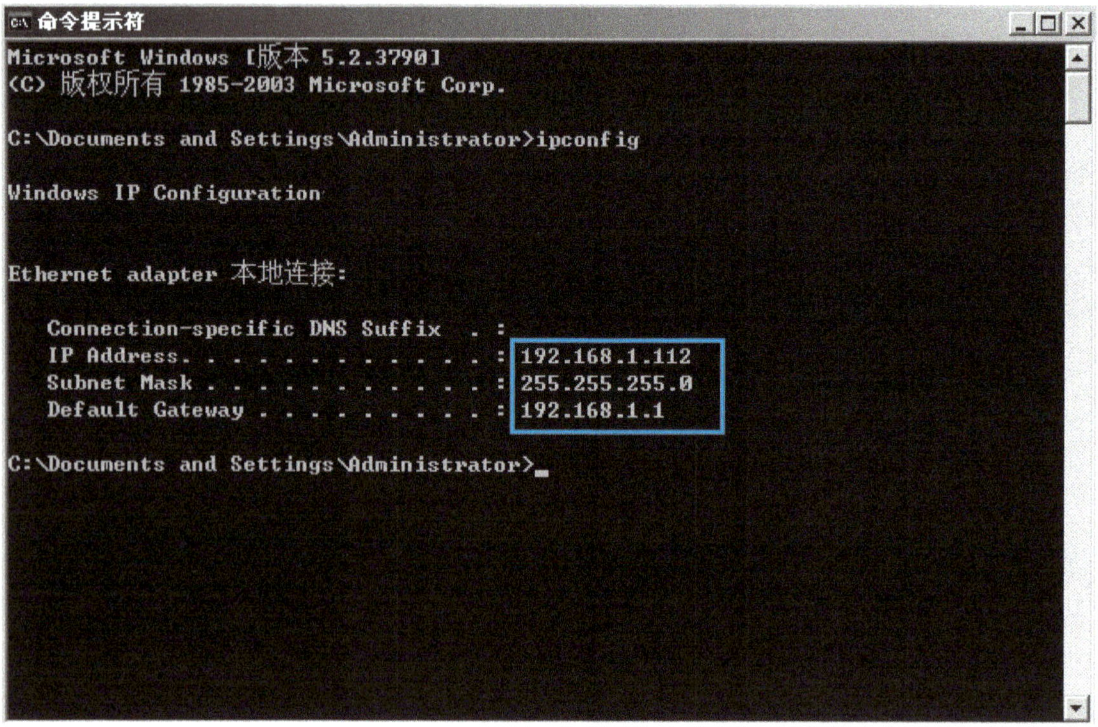

图 1-180

Windows Server 2003：

IPB：192.168.1.112/24

第 1 章　网络协议分析与实现

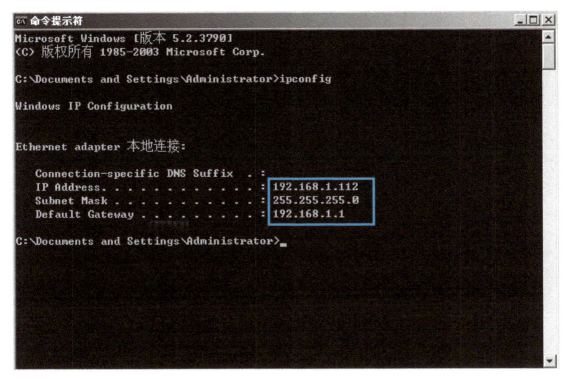

图 1-181

第二步：打开 Wireshark，并配置过滤条件，如图 1-182 所示。

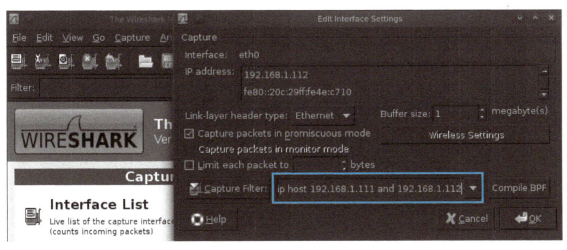

图 1-182

第三步：在 IP：192.168.1.111 打开 Windows Shell，并通过 FTP 命令连接 IP：192.168.1.112 的 FTP 服务，如图 1-183 所示。

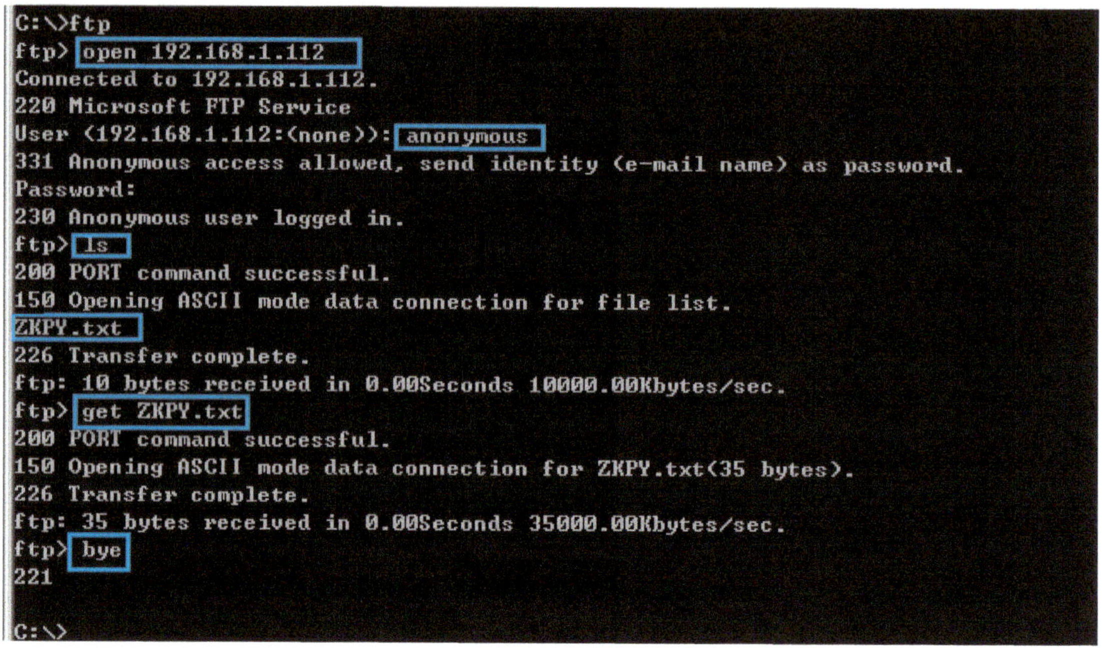

图 1-183

第四步：打开 Wireshark，对照预备知识，验证第三步中，FTP 服务的工作模式为主动模式，如图 1-184 所示。

图 1-184

第五步：重新打开 Wireshark，并配置过滤条件，如图 1-185 所示。

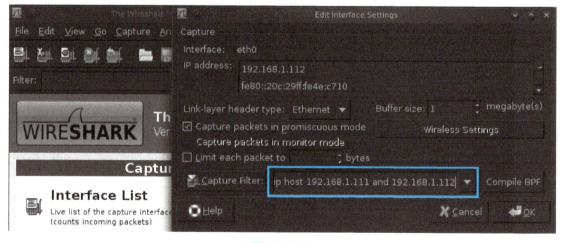

图 1-185

第六步：在 IP：192.168.1.111 打开 Internet Explorer，并进行如下配置，如图 1-186 所示。

第 1 章　网络协议分析与实现

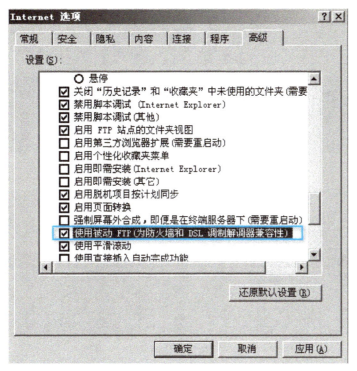

图 1-186

第七步：在 IP：192.168.1.111 打开 Internet Explorer，并访问 IP：192.168.1.112 的 FTP 服务，如图 1-187 所示。

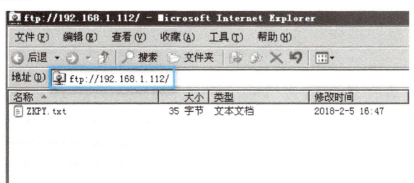

图 1-187

第八步：打开 Wireshark，对照预备知识，验证第六步中，FTP 服务的工作模式为被动模式，如图 1-188~ 图 1-190 所示。

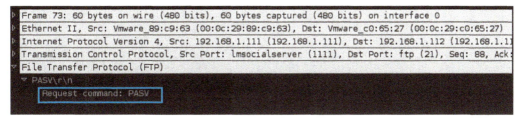

图 1-188

```
Frame 74: 103 bytes on wire (824 bits), 103 bytes captured (824 bits) on interface 0
Ethernet II, Src: Vmware_c0:65:27 (00:0c:29:c0:65:27), Dst: Vmware_89:c9:63 (00:0c:29:89:c9:63)
Internet Protocol Version 4, Src: 192.168.1.112 (192.168.1.112), Dst: 192.168.1.111 (192.168.1.11
Transmission Control Protocol, Src Port: ftp (21), Dst Port: lmsocialserver (1111), Seq: 443, Ack
File Transfer Protocol (FTP)
  227 Entering Passive Mode (192,168,1,112,4,38).\r\n
    Response code: Entering Passive Mode (227)
    Response arg: Entering Passive Mode (192,168,1,112,4,38).
    Passive IP address: 192.168.1.112 (192.168.1.112)
    Passive port: 1062
```

图 1-189

No.	Time	Source	Destination	Protocol	Length	Info
75	298.8677610	192.168.1.111	192.168.1.112	TCP	62	icp > veracity [SYN] Seq=0 W
76	298.8677670	192.168.1.112	192.168.1.111	TCP	62	veracity > icp [SYN, ACK] Se
77	298.8679420	192.168.1.111	192.168.1.112	TCP	60	icp > veracity [ACK] Seq=1 A

```
Frame 75: 62 bytes on wire (496 bits), 62 bytes captured (496 bits) on interface 0
Ethernet II, Src: Vmware_89:c9:63 (00:0c:29:89:c9:63), Dst: Vmware_c0:65:27 (00:0c:29:c0:65:27)
Internet Protocol Version 4, Src: 192.168.1.111 (192.168.1.111), Dst: 192.168.1.112 (192.168.1.11
Transmission Control Protocol, Src Port: icp (1112), Dst Port: veracity (1062), Seq: 0, Len: 0
```

图 1-190

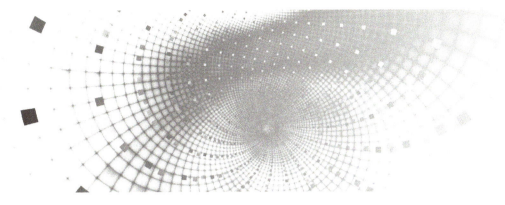

第 2 章　二层交换

学习目标：
　　网络安全运维管理是网络安全工程师的基础工作之一，要求能够建立和完善系统网络拓扑图，理解基础网络体系架构。本章将详细介绍二层交换机的工作原理以及 MAC 地址表在数据交换中的作用。

2.1 二层交换机的工作原理

　　主机之间通过交换机进行通信，需要经过以下步骤：
　　步骤一：PC.A 发送 ARP 请求包（ARP Request），请求 PC.B 的 MAC 地址，如图 2-1 所示。

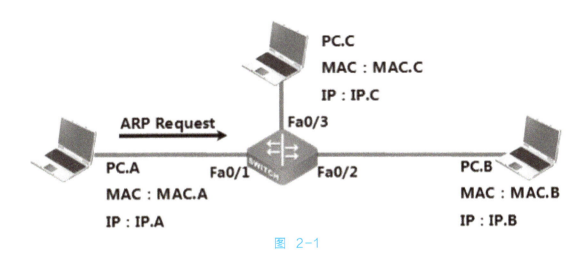

图 2-1

　　步骤二：交换机收到 PC.A 的 ARP 请求包，学习到 PC.A 的 MAC 地址表条目，也就是 PC.A 连接的端口 Fa0/1 映射至 PC.A 的 MAC 地址 MAC.A，如图 2-2 所示。

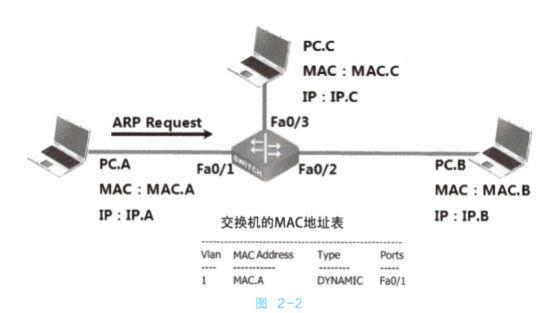

图 2-2

步骤三：由于 ARP 请求包为广播包，于是交换机将该广播包泛洪至除了入口外的其余所有接口，也就是 PC.B 和 PC.C 都会收到该 ARP 请求，如图 2-3 所示。

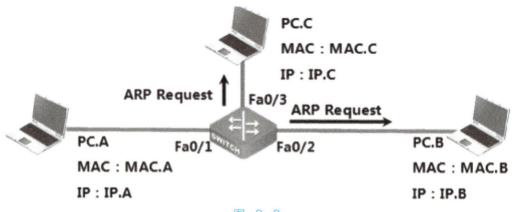

图 2-3

步骤四：由于该 ARP 请求的是 PC.B 的 MAC 地址，所以只有 PC.B 会对该 ARP 请求做出应答，如图 2-4 所示。

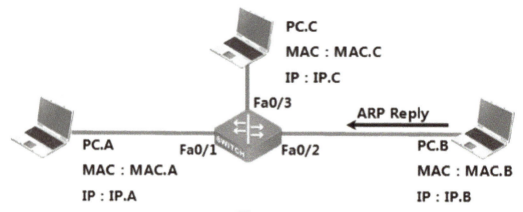

图 2-4

步骤五：同时也只有 PC.B 会缓存 PC.A 的 ARP 缓存信息（IP.A → MAC.A），如图 2-5 所示。

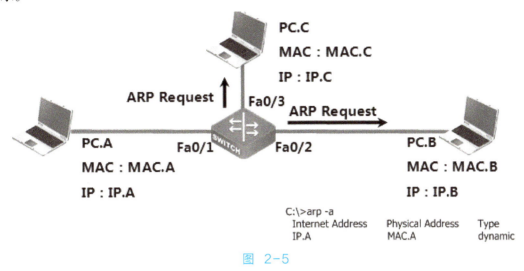

图 2-5

步骤六：交换机收到了 PC.B 对 PC.A 的 ARP 请求做出的应答，于是学习到 PC.B 的 MAC 地址表条目，也就是 PC.B 连接的端口 Fa0/2 映射至 PC.B 的 MAC 地址 MAC.B，如图 2-6 所示。

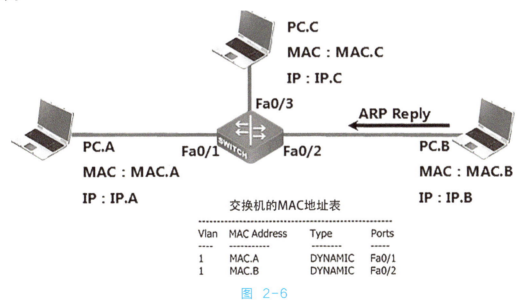

图 2-6

步骤七：由于 PC.B 对 PC.A 的 ARP 请求做出的应答为将单播信息发送至 PC.A 的 MAC 地址 MAC.A，交换机为转发该信息会查找 MAC 地址表，由于交换机之前学习过了 PC.A 连接端口 Fa0/1 映射至 PC.A 的 MAC 地址 MAC.A，所以交换机会将该信息向端口 Fa0/1 进行转发，于是 PC.A 收到了 PC.B 的 IP 地址对应的 MAC 地址（IP.B → MAC.B），如图 2-7 和图 2-8 所示。

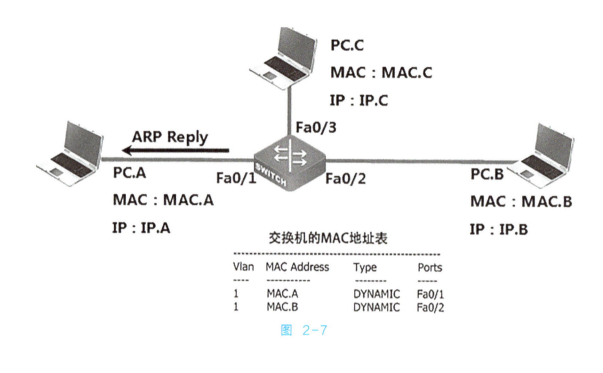

图 2-7

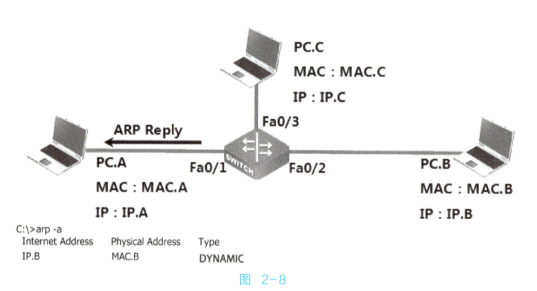

图 2-8

步骤八：PC.A 将数据发给 PC.B，会发送数据帧至 MAC.B；PC.B 将数据发给 PC.A，会发送数据帧至 MAC.A。对于发送至 MAC.A 的数据帧，交换机查找 MAC 地址表后，只会发给端口 Fa0/1；对于发送至 MAC.B 的数据帧，交换机查找 MAC 地址表后，只会发给端口 Fa0/2，如图 2-9 所示。

第 2 章 二层交换

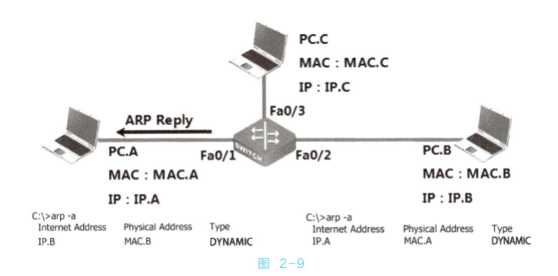

图 2-9

2.2 二层交换实训：交换机的基本配置

1. 实训说明

掌握二层交换机的基础配置方法。通过查看交换机 MAC 地址表，进一步理解二层交换机的工作原理。

2. 实训步骤

（1）华为厂商设备配置

第一步：在 eNSP 模拟器中添加交换机和计算机，连接后启动所有设备，如图 2-10 所示。

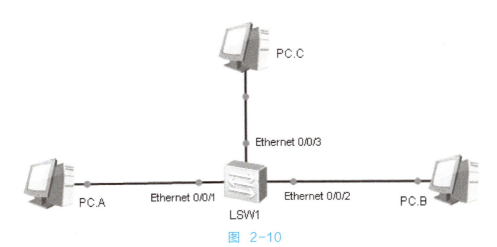

图 2-10

第二步：在模拟器中配置 3 台 PC 的 IP 地址分别为 192.168.1.1/24、192.168.1.2/24、192.168.1.3/24，注意其 MAC 地址，如图 2-11 所示。

图 2-11

第三步：在交换机的 CLI（命令行界面）中输入以下命令：
<Huawei>system-view　　　// 进入系统视图
[Huawei]sysname Switch　　// 设备命名
[Switch]display mac-address　　// 查看交换机 MAC 地址表
以上命令的详细说明，可查阅对应厂商的配置手册。

华为交换机和路由器常见的配置视图包括用户视图、系统视图、接口视图、路由协议视图等。在不同视图中可以完成不同的配置任务，大多数命令只能在特定的配置视图中执行，因此务必要随时关注自己位于哪个配置视图中。

1）用户视图。

用户从终端成功登录设备即进入用户视图，在屏幕上显示：

［HUAWEI］

在用户视图下，用户可以完成查看运行状态和统计信息等功能。

2）系统视图。

在用户视图下，输入命令 system-view 后按 <Enter> 键，进入系统视图，在屏幕上显示：

［HUAWEI］

第四步：在 3 台 PC 的命令行窗口中，使用 Ping 命令相互测试连通性，如图 2-12 所示。

图 2-12

第五步：返回交换机命令行界面，再次查看 MAC 地址表，如图 2-13 所示。

```
<Switch>display mac-address
MAC address table of slot 0:
-----------------------------------------------------------------
MAC Address      VLAN/       PEVLAN CEVLAN Port        Type       LSP/LSR-ID
                 VSI/SI                                           MAC-Tunnel
-----------------------------------------------------------------
5489-9854-086d   1           -      -      Eth0/0/1    dynamic    0/-
5489-98d7-1704   1           -      -      Eth0/0/2    dynamic    0/-
5489-9861-1928   1           -      -      Eth0/0/3    dynamic    0/-
-----------------------------------------------------------------
Total matching items on slot 0 displayed = 3
```

图 2-13

（2）思科、中兴、DCN、锐捷等厂商设备配置

配置如下：

HOSTNAME>enable　　　　　　　　　// 进入特权模式
HOSTNAME#configure terminal　　　　// 进入全局配置模式
HOSTNAME（config）#enable secret abcdefg　　// 配置 enable 密码为 abcdefg

为了便于对设备维护，还需要设置设备的 telnet 用户名和密码，配置如下：

HOSTNAME（config）#username HostName password HostName　　// 全局模式下，配置一个用户名和密码都是 HostName 的用户
HOSTNAME#show running-config　　　　// 查看交换机配置
HOSTNAME#show mac　　　　　　　　// 查看交换机 MAC 地址表

思科、中兴、DCN、锐捷等设备厂商的交换机和路由器常见的配置模式包括普通用户模式、特权用户模式、全局配置模式、接口模式、路由协议模式等。在不同视图中可以完成不同的配置任务，大多数命令只能在特定的配置视图中执行，因此务必要随时关注自己位于哪个配置视图中。

1）特权用户模式。

用户从终端成功登录设备即进入用户视图，在屏幕上显示：

HOSTNAME#

在特权用户模式下，用户可以完成查看运行状态和统计信息等功能。

2）全局配置模式。

在特权用户模式下，输入命令 configure terminal 后按 <Enter> 键，在屏幕上显示：

HOSTNAME（config）

3. 拓展练习

1）参考 3 种以上不同网络设备厂商的产品配置手册，练习不同厂商交换机的基本配置。

2）在机房管理教师的帮助下查看机房交换机的 MAC 地址表，并根据 MAC 地址表判断自己的计算机连接在交换机的哪个端口上。

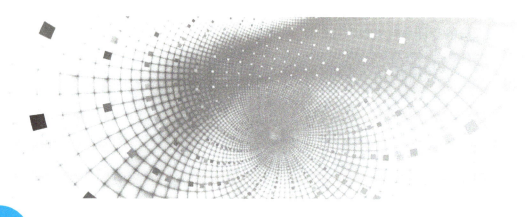

第3章 虚拟局域网络

学习目标：

虚拟局域网（Virtual Local Area Network，VLAN）是目前局域网中最重要的技术之一，可以有效地提高网络安全性、可靠性和可维护性。网络安全工程师必须掌握如何合理规划VLAN，并在网络中部署和实施。本章主要介绍VLAN的技术原理和配置方法。

3.1 虚拟局域网络的工作原理

VLAN是一个广播域，广播域也就是网段、子网。广播域从一个端口接收广播信息，该信息会被转发至这个广播域中除了入口以外的其余所有端口。VLAN中最重要的概念包括VID和PVID；Access端口和Trunk端口。

（1）VID和PVID

VID和PVID都是交换机端口的特性；区别在于，VID用于区别端口所属的VLAN，而PVID用于表示当一个普通的数据帧从某个端口进入交换机时，交换机对普通数据帧封装的VLAN标记，这个VLAN标记遵循IEEE 802.1Q标准，其封装格式如图3-1和图3-2所示。

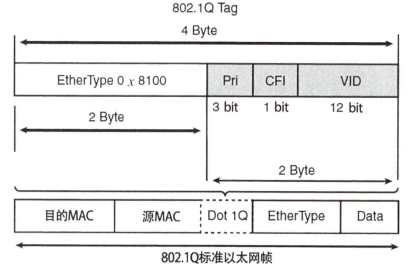

图 3-1

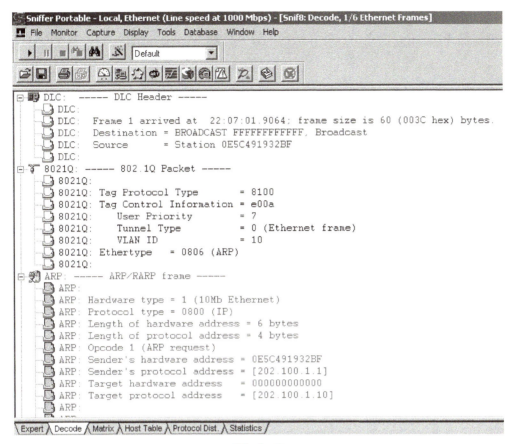

图 3-2

在这个封装中,原始的以太网数据帧源 MAC 地址后面封装了 4Byte 的 VLAN 标记,其中 0x8100 为 802.1Q 协议号,Pri 为数据转发优先级,CFI 为网络类型,再后面 12bit 就是 PVID,所以 VLAN 最大为 $2^{12}-1$,也就是 4095。

(2) Access 端口和 Trunk 端口

交换机 Access 端口的特点是,VID 等于 PVID,一般用于连接用户的个人计算机;而 Trunk 端口的特点是,VID 默认为交换机的所有 VLAN,而 PVID 则是 Native VLAN(本征 VLAN),默认为 VLAN1,一般是用于交换机和交换机之间互联的端口,在同一个 VLAN 跨越不同的交换机时使用。从 Trunk 端口转发出来的数据帧需要携带 VLAN 标记,以便其他交换机识别该数据帧是哪一个 VLAN 的,如图 3-3 所示。

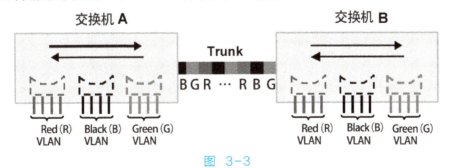

图 3-3

一般情况下,从 Trunk 端口转发出来的数据帧需要携带 VLAN 标记,但是本征 VLAN

除外，本征 VLAN 用于传输交换机本身发出的控制信息，如 BPDU。所以交换机认为本征 VLAN 的数据帧如果从 Trunk 端口转发出来，是不需要携带 VLAN 标记的，为普通数据帧。

3.2 虚拟局域网络实训：运用 Python 实现 802.1Q 协议

1. 实训说明

为了理解 802.1Q 协议的工作原理，可以利用 Python 解释器实现 802.1Q 协议。

2. 实训环境

主机 A 操作系统：Ubuntu Linux 32bit；
主机 A 工具集：Backtrack5；
主机 B 操作系统：CentOS Linux 32bit。

3. 实训步骤

第一步：为各主机配置 IP 地址，如图 3-4 和图 3-5 所示。

Ubuntu Linux：
IPA：192.168.1.112/24

```
root@bt:~# ifconfig eth0 192.168.1.112 netmask 255.255.255.0
root@bt:~# ifconfig
eth0      Link encap:Ethernet  HWaddr 00:0c:29:4e:c7:10
          inet addr:192.168.1.112  Bcast:192.168.1.255  Mask:255.255.255.0
          inet6 addr: fe80::20c:29ff:fe4e:c710/64 Scope:Link
          UP BROADCAST RUNNING MULTICAST  MTU:1500  Metric:1
          RX packets:311507 errors:0 dropped:0 overruns:0 frame:0
          TX packets:281506 errors:0 dropped:0 overruns:0 carrier:0
          collisions:0 txqueuelen:1000
          RX bytes:21621597 (21.6 MB)  TX bytes:62822798 (62.8 MB)
```

图 3-4

CentOS Linux：
IPB：192.168.1.100/24

```
[root@localhost ~]# ifconfig eth0 192.168.1.100 netmask 255.255.255.0
[root@localhost ~]# ifconfig
eth0      Link encap:Ethernet  HWaddr 00:0C:29:A0:3E:A2
          inet addr:192.168.1.100  Bcast:192.168.1.255  Mask:255.255.255.0
          inet6 addr: fe80::20c:29ff:fea0:3ea2/64 Scope:Link
          UP BROADCAST RUNNING MULTICAST  MTU:1500  Metric:1
          RX packets:35532 errors:0 dropped:0 overruns:0 frame:0
          TX packets:27052 errors:0 dropped:0 overruns:0 carrier:0
          collisions:0 txqueuelen:1000
          RX bytes:9413259 (8.9 MiB)  TX bytes:1836269 (1.7 MiB)
          Interrupt:59 Base address:0x2000
```

图 3-5

第二步：从渗透测试主机开启 Python3.3 解释器，如图 3-6 所示。

```
root@bt:/# python3.3
Python 3.3.2 (default, Jul  1 2013, 16:37:01)
[GCC 4.4.3] on linux
Type "help", "copyright", "credits" or "license" for more information.
```

图 3-6

第 3 章　虚拟局域网络

第三步：在渗透测试主机 Python 解释器中导入 Scapy 库，如图 3-7 所示。

```
>>> from scapy.all import *
WARNING: No route found for IPv6 destination :: (no default route?). This affects onl
y IPv6
```

图 3-7

第四步：查看 Scapy 库中支持的类，如图 3-8 所示。

```
>>> ls()
ARP             : ARP
ASN1_Packet     : None
BOOTP           : BOOTP
CookedLinux     : cooked linux
DHCP            : DHCP options
DHCP6           : DHCPv6 Generic Message)
DHCP6OptAuth    : DHCP6 Option - Authentication
DHCP6OptBCMCSDomains : DHCP6 Option - BCMCS Domain Name List
DHCP6OptBCMCSServers : DHCP6 Option - BCMCS Addresses List
DHCP6OptClientFQDN : DHCP6 Option - Client FQDN
DHCP6OptClientId : DHCP6 Client Identifier Option
DHCP6OptDNSDomains : DHCP6 Option - Domain Search List option
DHCP6OptDNSServers : DHCP6 Option - DNS Recursive Name Server
DHCP6OptElapsedTime : DHCP6 Elapsed Time Option
DHCP6OptGeoConf :
DHCP6OptIAAddress : DHCP6 IA Address Option (IA_TA or IA_NA suboption)
……
```

图 3-8

第五步：实例化 Ether 类的一个对象，对象的名称为 eth，查看对象 eth 的各属性，如图 3-9 所示。

```
>>> eth = Ether()
>>> eth.show()
###[ Ethernet ]###
WARNING: Mac address to reach destination not found. Using broadcast.
  dst       = ff:ff:ff:ff:ff:ff
  src       = 00:00:00:00:00:00
  type      = 0x9000
>>>
```

图 3-9

第六步：实例化 Dot1Q 类的一个对象，对象的名称为 dot1q，查看对象 dot1q 的各属性，如图 3-10 所示。

```
>>> dot1q = Dot1Q()
>>> dot1q.show()
###[ 802.1Q ]###
  prio      = 0
  id        = 0
  vlan      = 1
  type      = 0x0
>>>
```

图 3-10

第七步：实例化 ARP 类的一个对象，对象的名称为 arp，查看对象 arp 的各属性，如图 3-11 所示。

```
>>> arp = ARP()
>>> arp.show()
###[ ARP ]###
  hwtype    = 0x1
  ptype     = 0x800
  hwlen     = 6
  plen      = 4
  op        = who-has
WARNING: No route found (no default route?)
  hwsrc     = 00:00:00:00:00:00
WARNING: No route found (no default route?)
  psrc      = 0.0.0.0
  hwdst     = 00:00:00:00:00:00
  pdst      = 0.0.0.0
>>>
```

图 3-11

第八步：将对象联合 eth、dot1q、arp 构造为复合数据类型 packet，并查看对象 packet 的各个属性，如图 3-12 所示。

```
>>> packet = eth/dot1q/arp
>>> packet.show()
###[ Ethernet ]###
WARNING: No route found (no default route?)
  dst       = ff:ff:ff:ff:ff:ff
  src       = 00:00:00:00:00:00
  type      = 0x8100
###[ 802.1Q ]###
     prio   = 0
     id     = 0
     vlan   = 1
     type   = 0x806
###[ ARP ]###
        hwtype    = 0x1
        ptype     = 0x800
        hwlen     = 6
        plen      = 4
        op        = who-has
WARNING: No route found (no default route?)
        hwsrc     = 00:00:00:00:00:00
WARNING: more No route found (no default route?)
        psrc      = 0.0.0.0
        hwdst     = 00:00:00:00:00:00
        pdst      = 0.0.0.0
>>>
```

图 3-12

第九步：将 packet[Ether].src 赋值为本地 MAC 地址，将 packet[Ether].dst 赋值为广播 MAC 地址 "ff:ff:ff:ff:ff:ff"，并验证，如图 3-13 所示。

```
>>> packet[Ether].src = "00:0c:29:4e:c7:10"
>>> packet[Ether].dst = "ff:ff:ff:ff:ff:ff"
>>> packet.show()
###[ Ethernet ]###
  dst       = ff:ff:ff:ff:ff:ff
  src       = 00:0c:29:4e:c7:10
  type      = 0x8100
###[ 802.1Q ]###
     prio      = 0
     id        = 0
     vlan      = 1
     type      = 0x806
###[ ARP ]###
        hwtype    = 0x1
        ptype     = 0x800
        hwlen     = 6
        plen      = 4
        op        = who-has
WARNING: No route found (no default route?)
        hwsrc     = 00:00:00:00:00:00
WARNING: No route found (no default route?)
        psrc      = 0.0.0.0
        hwdst     = 00:00:00:00:00:00
        pdst      = 0.0.0.0
>>>
```

图 3-13

第十步：将 packet[Dot1Q].vlan、packet[ARP].psrc、packet[ARP].pdst 分别赋值，并验证，如图 3-14 所示。

```
>>> packet[Dot1Q].vlan = 10
>>> packet[ARP].psrc = "192.168.1.112"
>>> packet[ARP].pdst = "192.168.1.100"
>>> packet.show()
###[ Ethernet ]###
  dst       = ff:ff:ff:ff:ff:ff
  src       = 00:0c:29:4e:c7:10
  type      = 0x8100
###[ 802.1Q ]###
     prio      = 0
     id        = 0
     vlan      = 10
     type      = 0x806
###[ ARP ]###
        hwtype    = 0x1
        ptype     = 0x800
        hwlen     = 6
        plen      = 4
        op        = who-has
        hwsrc     = 00:0c:29:4e:c7:10
        psrc      = 192.168.1.112
        hwdst     = 00:00:00:00:00:00
        pdst      = 192.168.1.100
>>>
```

图 3-14

第十一步：打开 Wireshark 程序并设置过滤条件，如图 3-15 所示。

图 3-15

第十二步：通过 sendp（）函数将对象 packet 进行发送，如图 3-16 所示。

```
>>> N = sendp(packet)
.
Sent 1 packets.
>>>
```

图 3-16

第十三步：查看 Wireshark 捕获到的 packet 对象，对照基础知识，分析 VLAN 协议数据对象

1）Ether，如图 3-17 所示。

```
▷ Frame 1: 46 bytes on wire (368 bits), 46 bytes captured (368 bits) on interface 0
▽ Ethernet II, Src: Vmware_4e:c7:10 (00:0c:29:4e:c7:10), Dst: Broadcast (ff:ff:ff:ff:ff:ff)
  ▷ Destination: Broadcast (ff:ff:ff:ff:ff:ff)
  ▷ Source: Vmware_4e:c7:10 (00:0c:29:4e:c7:10)
    Type: 802.1Q Virtual LAN (0x8100)
```

图 3-17

2）Dot1Q，如图 3-18 所示。

```
▽ 802.1Q Virtual LAN, PRI: 0, CFI: 0, ID: 10
    000. .... .... .... = Priority: Best Effort (default) (0)
    ...0 .... .... .... = CFI: Canonical (0)
    .... 0000 0000 1010 = ID: 10
    Type: ARP (0x0806)
```

图 3-18

3）ARP，如图 3-19 所示。

```
▽ Address Resolution Protocol (request)
    Hardware type: Ethernet (1)
    Protocol type: IP (0x0800)
    Hardware size: 6
    Protocol size: 4
    Opcode: request (1)
    Sender MAC address: Vmware_4e:c7:10 (00:0c:29:4e:c7:10)
    Sender IP address: 192.168.1.112 (192.168.1.112)
    Target MAC address: 00:00:00_00:00:00 (00:00:00:00:00:00)
    Target IP address: 192.168.1.100 (192.168.1.100)
```

图 3-19

3.3 虚拟局域网络实训：配置虚拟局域网络

1. 实训说明

为了通信的安全性，也为了避免广播报文泛滥，可以在网络中使用 VLAN 技术来隔离不同 VLAN 之间的二层流量。本实训要求掌握交换机 VLAN 配置的基础操作，实现同一 VLAN 的计算机跨交换机互连，不同 VLAN 的计算机相互隔离。

2. 实训步骤

（1）华为厂商设备配置

第一步：在 eNSP 模拟器中添加交换机和计算机，连接后启动所有设备，如图 3-20 所示。

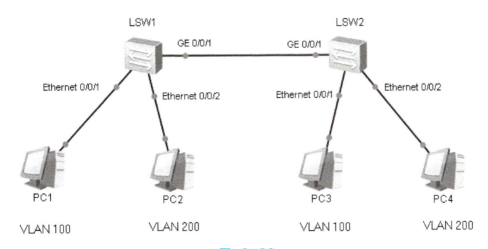

图 3-20

第二步：在模拟器中配置 4 台 PC 的 IP 地址分别为 192.168.1.1/24、192.168.1.2/24、192.168.1.3/24、192.168.1.4/24。

第三步：在交换机 LSW1 上配置 VLAN。将端口 Ethernet0/0/1 设置为 Access 类型，PVID 设置为 100；将端口 Ethernet0/0/2 设置为 Access 类型，PVID 设置为 200。对应配置如下：

```
<Huawei>system-view
[SWA]vlan 100          // 创建 VLAN 100
[SWA]vlan 200          // 创建 VLAN 200
[SWA]interface Ethernet0/0/1     // 进入端口视图
[SWA-Ethernet0/0/1]port link-type access    // 修改端口类型为 Access
[SWA-Ethernet0/0/1]port default vlan 100    // 修改端口 PVID 为 100
[SWA]interface Ethernet0/0/2     // 进入端口视图
[SWA-Ethernet0/0/2]port link-type access    // 修改端口类型为 Access
[SWA-Ethernet0/0/2]port default vlan 200    // 修改端口 PVID 为 200
```

第四步：在交换机 LSW1 上，将端口 Gigabit Ethernet0/0/1 设置为 Trunk 类型，并允许指定的 VLAN 100 和 VLAN 200 通过。对应配置如下：

```
[SWA]interface GigabitEthernet 0/0/1      // 进入端口视图
[SWA-GigabitEthernet0/0/1]port link-type trunk    // 修改端口类型为 trunk
[SWA-GigabitEthernet0/0/1]port trunk allow-pass vlan 100 200   // 指定允许通过的 VLAN
```

第五步：在交换机 LSW2 上重复第三步与第四步的操作。

第六步：在 PC 上使用 ping 命令测试连通性，发现 PC1 和 PC3 相互连通，PC2 和 PC4 相互连通。

第七步：在交换机上查看配置好的 VLAN 信息，如图 3-21 所示。

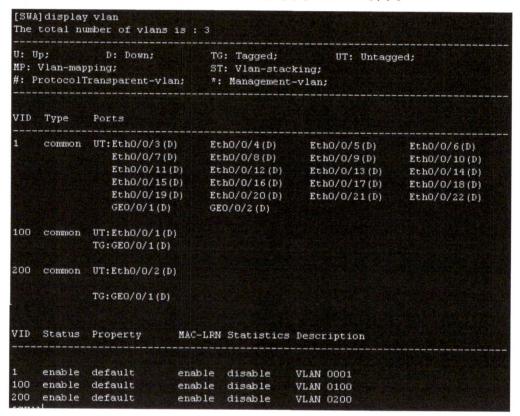

图 3-21

（2）思科、中兴、DCN、锐捷等厂商设备配置

第一步：如图 3-22 所示连接后，启动所有设备。

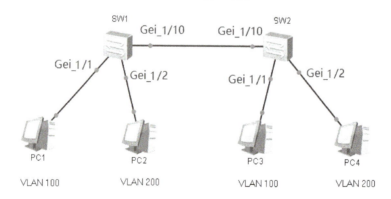

图 3-22

第二步：配置 4 台 PC 的 IP 地址分别为 192.168.1.1/24、192.168.1.2/24、192.168.1.3/24、

192.168.1.4/24。

第三步：在交换机 SW1 上配置 VLAN。将端口 Gei_1/1 设置为 Access 类型，PVID 设置为 100；将端口 Gei_1/2 设置为 Access 类型，PVID 设置为 200。对应配置如下：

HOSTNAME（config）#vlan 100　　　　　　　// 创建 VLAN 100（可省略）
HOSTNAME（config-vlan）#exit
HOSTNAME（config）#vlan 200
HOSTNAME（config-vlan）#exit
HOSTNAME（config）#interface Gei_1/1　　// 把端口 Gei_1/1 加入 VLAN 100，Gei_1/1 模式为 Access
HOSTNAME（config-if）#switchport access vlan 100
HOSTNAME（config-if）#exit
HOSTNAME（config）#interface Gei_1/2
HOSTNAME（config-if）#switchport access vlan 200
HOSTNAME（config-if）#exit

第四步：在交换机 LSW1 上，将端口 GE0/0/1 设置为 Trunk 类型，并允许指定的 VLAN 100 和 VLAN 200 通过。

HOSTNAME（config）#interface Gei_1/10　　// 把端口 Gei_1/10 以 Trunk 模式加入 VLAN100 和 VLAN200
HOSTNAME（config-if）#switchport mode trunk
HOSTNAME（config-if）#switchport trunk vlan 100
HOSTNAME（config-if）#switchport trunk vlan 200

第五步：在交换机 LSW2 上重复第三步与第四步的操作。

第六步：在 PC 上使用 ping 命令测试连通性，发现 PC1 和 PC3 相互连通，PC2 和 PC4 相互连通。

3. 拓展练习

1）参考 3 种以上不同网络设备厂商的产品配置手册，练习不同厂商的交换机 VLAN 配置。

2）部分厂商的交换机增加了 Hybrid 端口类型，可以查阅厂商的产品配置手册，利用 Hybrid 端口完成本实训的内容。

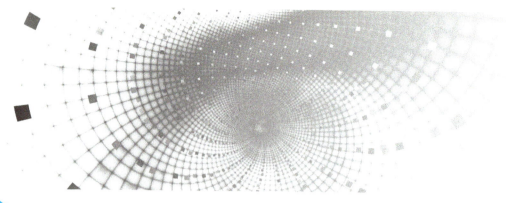

第4章 生成树协议

学习目标：

生成树协议（Spanning Tree Protocol，STP）是传统局域网中提高网络可靠性的重要协议，网络安全工程师通过规划和配置生成树协议来实现二层设备冗余和链路冗余。本章主要介绍生成树协议的计算过程和配置方法，以及在网络中如何提高生成树协议自身的安全性。

4.1 生成树协议的工作原理

图 4-1 所示为某公司内部局域网的冗余拓扑结构，在这个拓扑结构上，由于可靠性要求，接入层交换机连接至汇聚层交换机的链路需要实现冗余，冗余的同时会存在网络环路，而网络环路会产生如广播风暴之类的问题。这就要求交换机之间采用生成树的机制，选择交换机之间的最优路径作为主链路，而将其他备份链路临时阻塞，待主链路失效，再将备份链路启用，就可以在设置备份链路的同时避免出现网络环路。

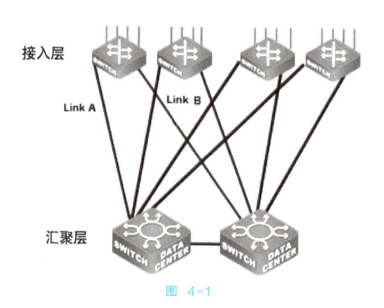

图 4-1

第 4 章 生成树协议

使用 STP 的所有交换机都通过网桥协议数据单元（Bridge Protocol Data Unit，BPDU）来共享信息，BPDU 每 2s 就发送一次。交换机发送 BPDU 时包含 Bridge ID，它结合了可配置的优先数（默认值是 32 768）和交换机的基本 MAC 地址。交换机可以发送并接收这些 BPDU，拥有最低 Bridge ID 的交换机成为根 Bridge（Root Bridge），如图 4-2 和图 4-3 所示。

```
⊞ Frame 69 (60 bytes on wire, 60 bytes captured)
⊞ IEEE 802.3 Ethernet
⊞ Logical-Link Control
⊟ Spanning Tree Protocol
    Protocol Identifier: Spanning Tree Protocol (0x0000)
    Protocol Version Identifier: Spanning Tree (0)
    BPDU Type: Configuration (0x00)
  ⊟ BPDU flags: 0x00
       0... .... = Topology Change Acknowledgment: No
       .... ...0 = Topology Change: No
    Root Identifier: 44120 / e7:cd:90:11:7c:aa
    Root Path Cost: 0
    Bridge Identifier: 33827 / 1b:23:16:02:ff:08
    Port identifier: 0x8002
    Message Age: 0
    Max Age: 20
    Hello Time: 2
    Forward Delay: 15

0000  01 80 c2 00 00 00 04 08  20 12 a9 75 00 26 42 42   ........ ..u.&BB
0010  03 00 00 00 00 00 ac 58  e7 cd 90 11 7c aa 00 00   .......X ....|...
0020  00 00 84 23 1b 23 16 02  ff 08 80 02 00 00 14 00   ...#.#.. ........
0030  02 00 0f 00 00 00 00 00  00 00 00 00               ............
```

图 4-2

```
DCRS-5650-28(R4)#show spanning-tree

              -- STP Bridge Config Info --

Standard      : IEEE 802.1d
Bridge MAC    : 00:03:0f:40:7d:8b
Bridge Times  : Max Age 20, Hello Time 2, Forward Delay 15
Force Version : 0

##############################################################
Self Bridge Id   : 0.00:03:0f:40:7d:8b
Root Id          : this switch
Ext.RootPathCost : 0
Root Port ID     : 0

  PortName         ID      ExtRPC  State Role    DsgBridge          DsgPort
  -------------- -------- -------- ---   ----  ------------------ --------
  Ethernet1/0/2  128.002         0 FWD   DSGN  0.00030f407d8b     128.002
  Ethernet1/0/4  128.004         0 FWD   DSGN  0.00030f407d8b     128.004
  Ethernet1/0/6  128.006         0 FWD   DSGN  0.00030f407d8b     128.006
DCRS-5650-28(R4)#_
```

图 4-3

根据图 4-3 可知，Bridge ID 为 0.00:03:0f:40:7d:8b 的交换机为根交换机。

选择好根交换机后，同一个广播域中其余的交换机就会以根交换机为基准，基于 Cost 值计算到达根交换机的最优路径，这个 Cost 值与链路的带宽成反比。每个非根交换机到达根交换机的最优路径就作为主链路，而每个非根交换机到达根交换机的非主链路则作为备份链路，处于阻塞状态，直到主链路失效，交换机才会在备份链路中重新选择主链路并进行开启。

4.2 生成树协议分析

网桥协议数据单元是一种生成树协议问候数据包，它能以配置的间隔发出，用来在网络的网桥间进行信息交换。

当一个网桥开始变为活动时，它的每个端口都是每 2s（使用默认定时值时）发送一个 BPDU。然而，如果一个端口收到另外一个网桥发送过来的 BPDU，而这个 BPDU 比它正在发送的 BPDU 更优，则本地端口会停止发送 BPDU。如果在一段时间（默认为 20s）后它不再接收到更优的 BPDU，则本地端口会再次发送 BPDU。

BPDU 消息格式：源地址为交换机 MAC；目的地址为 0180.C200.0000(多址广播：桥组)。

BPDU 的组成：

1）Protocol ID：BPDU（0000）。
2）版本号：00（IEEE802.1D）。
3）类型：00（Config BPDU）、80（TCN BPDU）。
4）标志：80（TCA）、00（NTC）、01（TC）、81（TCA&TC）。
5）Root ID：根交换机 ID。
6）Root Path Cost：到达根的路径开销。
7）Bridge ID：交换机 ID= 交换机优先级 + 交换机 MAC 地址。
8）Port ID：发送 BPDU 的端口 ID= 端口优先级 + 端口编号。
9）Message Age：BPDU 经过路径的跳数，最大为 7。
10）Max-Age Time：保留对方 BPDU 消息的最长时间。
11）Hello Time：定期发送 BPDU 的时间间隔。
12）Forward-Delay Time(发送延迟)：端口状态改变的时间间隔。

4.3 生成树协议实训：运用 Python 实现生成树协议

1. 实训说明

为了理解生成树协议的工作原理，可以利用 Python 解释器实现生成树协议。

2. 实训环境

主机 A 操作系统：Ubuntu Linux 32bit；
主机 A 工具集：Backtrack5；
主机 B 操作系统：CentOS Linux 32bit。

3. 实训步骤

第一步：为各主机配置 IP 地址，如图 4-4 和图 4-5 所示。
Ubuntu Linux：
IPA：192.168.1.112/24

```
root@bt:~# ifconfig eth0 192.168.1.112 netmask 255.255.255.0
root@bt:~# ifconfig
eth0      Link encap:Ethernet  HWaddr 00:0c:29:4e:c7:10
          inet addr:192.168.1.112  Bcast:192.168.1.255  Mask:255.255.255.0
          inet6 addr: fe80::20c:29ff:fe4e:c710/64 Scope:Link
          UP BROADCAST RUNNING MULTICAST  MTU:1500  Metric:1
          RX packets:311507 errors:0 dropped:0 overruns:0 frame:0
          TX packets:281506 errors:0 dropped:0 overruns:0 carrier:0
          collisions:0 txqueuelen:1000
          RX bytes:21621597 (21.6 MB)  TX bytes:62822798 (62.8 MB)
```

图 4-4

CentOS Linux：

IPB：192.168.1.100/24

```
[root@localhost ~]# ifconfig eth0 192.168.1.100 netmask 255.255.255.0
[root@localhost ~]# ifconfig
eth0      Link encap:Ethernet  HWaddr 00:0C:29:A0:3E:A2
          inet addr:192.168.1.100  Bcast:192.168.1.255  Mask:255.255.255.0
          inet6 addr: fe80::20c:29ff:fea0:3ea2/64 Scope:Link
          UP BROADCAST RUNNING MULTICAST  MTU:1500  Metric:1
          RX packets:35532 errors:0 dropped:0 overruns:0 frame:0
          TX packets:27052 errors:0 dropped:0 overruns:0 carrier:0
          collisions:0 txqueuelen:1000
          RX bytes:9413259 (8.9 MiB)  TX bytes:1836269 (1.7 MiB)
          Interrupt:59 Base address:0x2000
```

图 4-5

第二步：从渗透测试主机开启 Python3.3 解释器，如图 4-6 所示。

```
root@bt:/# python3.3
Python 3.3.2 (default, Jul  1 2013, 16:37:01)
[GCC 4.4.3] on linux
Type "help", "copyright", "credits" or "license" for more information.
```

图 4-6

第三步：在渗透测试主机 Python 解释器中导入 Scapy 库、VRRP 库，如图 4-7 所示。

```
>>> from scapy.all import *
WARNING: No route found for IPv6 destination :: (no default route?). This affects onl
y IPv6
```

图 4-7

第四步：查看 Scapy 库中支持的类，如图 4-8 所示。

```
>>> ls()
ARP            : ARP
ASN1_Packet    : None
BOOTP          : BOOTP
CookedLinux    : cooked linux
DHCP           : DHCP options
DHCP6          : DHCPv6 Generic Message)
DHCP6OptAuth : DHCP6 Option - Authentication
DHCP6OptBCMCSDomains : DHCP6 Option - BCMCS Domain Name List
DHCP6OptBCMCSServers : DHCP6 Option - BCMCS Addresses List
DHCP6OptClientFQDN : DHCP6 Option - Client FQDN
DHCP6OptClientId : DHCP6 Client Identifier Option
DHCP6OptDNSDomains : DHCP6 Option - Domain Search List option
DHCP6OptDNSServers : DHCP6 Option - DNS Recursive Name Server
DHCP6OptElapsedTime : DHCP6 Elapsed Time Option
DHCP6OptGeoConf :
DHCP6OptIAAddress : DHCP6 IA Address Option (IA_TA or IA_NA suboption)
```

图 4-8

第五步：在 Scapy 库支持的类中找到 Ethernet 类，如图 4-9 所示。

```
Dot11WEP         : 802.11 WEP packet
Dot1Q            : 802.1Q
Dot3             : 802.3
EAP              : EAP
EAPOL            : EAPOL
EDNS0TLV         : DNS EDNS0 TLV
ESP              : ESP
Ether            : Ethernet
GPRS             : GPRSdummy
GRE              : GRE
GRErouting       : GRE routing informations
HAO              : Home Address Option
HBHOptUnknown    : Scapy6 Unknown Option
HCI_ACL_Hdr      : HCI ACL header
HCI_Hdr          : HCI header
HDLC             : None
HSRP             : HSRP
HSRPmd5          : HSRP MD5 Authentication
ICMP             : ICMP
```

图 4-9

第六步：实例化 Dot3 类的一个对象，对象的名称为 dot3，查看对象 dot3 的各属性，如图 4-10 所示。

```
>>> dot3 = Dot3()
>>> dot3.show()
###[ 802.3 ]###
WARNING: Mac address to reach destination not found. Using broadcast.
  dst       = ff:ff:ff:ff:ff:ff
  src       = 00:00:00:00:00:00
  len       = None
>>>
```

图 4-10

第七步：实例化 LLC 类的一个对象，对象的名称为 llc，查看对象 llc 的各属性，如图 4-11 所示。

```
>>> llc = LLC()
>>> llc.show()
###[ LLC ]###
  dsap      = 0x0
  ssap      = 0x0
  ctrl      = 0
>>>
```

图 4-11

第八步：实例化 STP 类的一个对象，对象的名称为 stp，查看对象 stp 的各属性，如图 4-12 所示。

第 4 章　生成树协议

```
>>> stp = STP()
>>> stp.show()
###[ Spanning Tree Protocol ]###
  proto     = 0
  version   = 0
  bpdutype  = 0
  bpduflags = 0
  rootid    = 0
  rootmac   = 00:00:00:00:00:00
  pathcost  = 0
  bridgeid  = 0
  bridgemac = 00:00:00:00:00:00
  portid    = 0
  age       = 1
  maxage    = 20
  hellotime = 2
  fwddelay  = 15
>>>
```

图 4-12

第九步：将对象联合 dot3、llc、stp 构造为复合数据类型 bpdu，并查看 bpdu 的各个属性，如图 4-13 所示。

```
>>> bpdu = dot3/llc/stp
>>> bpdu.show()
###[ 802.3 ]###
WARNING: Mac address to reach destination not found. Using broadcast.
  dst       = ff:ff:ff:ff:ff:ff
  src       = 00:00:00:00:00:00
  len       = None
###[ LLC ]###
     dsap      = 0x42
     ssap      = 0x42
     ctrl      = 3
###[ Spanning Tree Protocol ]###
        proto     = 0
        version   = 0
        bpdutype  = 0
        bpduflags = 0
        rootid    = 0
        rootmac   = 00:00:00:00:00:00
        pathcost  = 0
        bridgeid  = 0
        bridgemac = 00:00:00:00:00:00
        portid    = 0
        age       = 1
        maxage    = 20
        hellotime = 2
        fwddelay  = 15
>>>
```

图 4-13

第十步：将 bpdu[Dot3].src 赋值为本地 MAC 地址"00:0C:29:4e:C7:10"，将 bpdu[Dot3].dst 赋值为组播 MAC 地址"01:80:C2:00:00:00"，将 bpdu[Dot3].len 赋值为 38，并验证，如图 4-14 所示。

109

```
>>> bpdu[Dot3].src = "00:0c:29:4e:c7:10"
>>> bpdu[Dot3].dst = "01:80:c2:00:00:00"
>>> bpdu[Dot3].len = 38
>>> bpdu.show()
###[ 802.3 ]###
  dst       = 01:80:c2:00:00:00
  src       = 00:0c:29:4e:c7:10
  len       = 38
###[ LLC ]###
     dsap       = 0x42
     ssap       = 0x42
     ctrl       = 3
###[ Spanning Tree Protocol ]###
        proto      = 0
        version    = 0
        bpdutype   = 0
        bpduflags  = 0
        rootid     = 0
        rootmac    = 00:00:00:00:00:00
        pathcost   = 0
        bridgeid   = 0
        bridgemac  = 00:00:00:00:00:00
        portid     = 0
        age        = 1
        maxage     = 20
        hellotime  = 2
        fwddelay   = 15
>>>
```

图 4-14

第十一步：将 bpdu[STP].rootid、bpdu[STP].rootmac、bpdu[STP].bridgeid、bpdu[STP].bridgemac 分别赋值，并验证，如图 4-15 所示。

```
>>> bpdu[STP].rootid = 10
>>> bpdu[STP].rootmac = "00:0c:29:4e:c7:10"
>>> bpdu[STP].bridgeid = 10
>>> bpdu[STP].bridgemac = "00:0c:29:4e:c7:10"
>>> bpdu.show()
###[ 802.3 ]###
  dst       = 01:80:c2:00:00:00
  src       = 00:0c:29:4e:c7:10
  len       = 38
###[ LLC ]###
     dsap       = 0x42
     ssap       = 0x42
     ctrl       = 3
###[ Spanning Tree Protocol ]###
        proto      = 0
        version    = 0
        bpdutype   = 0
        bpduflags  = 0
        rootid     = 10
        rootmac    = 00:0c:29:4e:c7:10
        pathcost   = 0
        bridgeid   = 10
        bridgemac  = 00:0c:29:4e:c7:10
        portid     = 0
        age        = 1
        maxage     = 20
        hellotime  = 2
        fwddelay   = 15
>>>
```

图 4-15

第十二步：将 bpdu[STP].portid 赋值，并验证，如图 4-16 所示。

第 4 章　生成树协议

```
>>> bpdu[STP].portid = 1024
>>> bpdu.show()
###[ 802.3 ]###
  dst       = 01:80:c2:00:00:00
  src       = 00:0c:29:4e:c7:10
  len       = 38
###[ LLC ]###
     dsap      = 0x42
     ssap      = 0x42
     ctrl      = 3
###[ Spanning Tree Protocol ]###
        proto     = 0
        version   = 0
        bpdutype  = 0
        bpduflags = 0
        rootid    = 10
        rootmac   = 00:0c:29:4e:c7:10
        pathcost  = 0
        bridgeid  = 10
        bridgemac = 00:0c:29:4e:c7:10
        portid    = 1024
        age       = 1
        maxage    = 20
        hellotime = 2
        fwddelay  = 15
>>>
```

图 4-16

第十三步：打开 Wireshark 程序，并设置过滤条件，如图 4-17 所示。

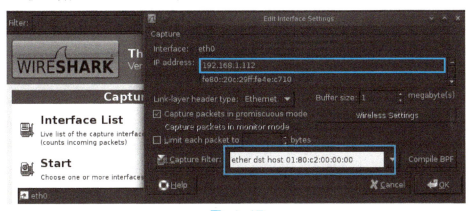

图 4-17

第十四步：通过 sendp（　　）函数将对象 bpdu 进行发送，如图 4-18 所示。

```
>>> N = sendp(bpdu)
.
Sent 1 packets.
>>>
```

图 4-18

第十五步：查看 Wireshark 捕获到的 bpdu 对象，对照基础知识，分析 STP 协议数据对象：
1）802.3，如图 4-19 所示。

```
▼ IEEE 802.3 Ethernet
  ▷ Destination: Spanning-tree-(for-bridges)_00 (01:80:c2:00:00:00)
  ▷ Source: Vmware_4e:c7:10 (00:0c:29:4e:c7:10)
    Length: 38
```

图 4-19

111

2）LLC，如图 4-20 所示。

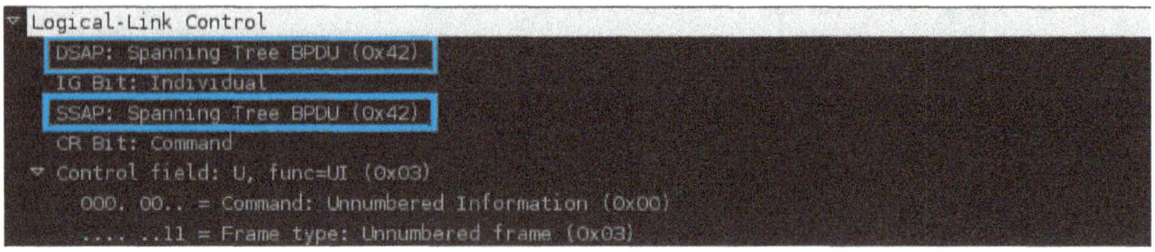

图 4-20

3）STP，如图 4-21 所示。

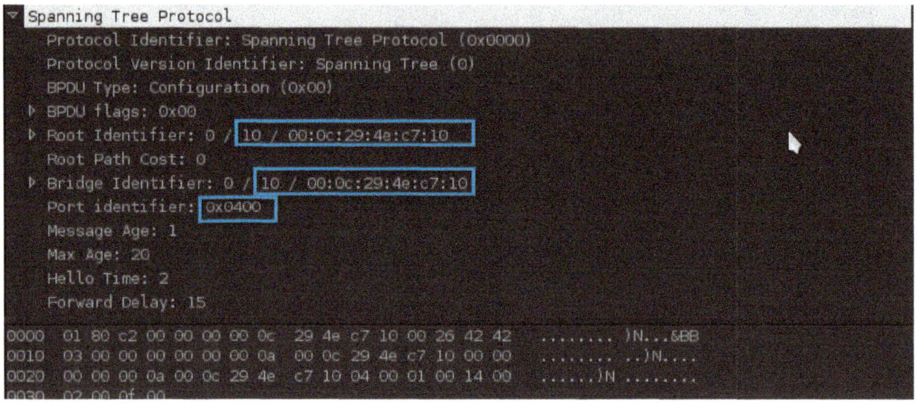

图 4-21

此时 Port Identifier 为十进制 1024 对应的十六进制数 0x0400。

4.4 生成树协议实训：配置生成树协议

1. 实训说明

STP 通过冗余链路的方式提高了网络的可靠性。本实训要求掌握交换机 STP 配置的基础操作，能够按照业务要求自行设计和配置简单的生成树网络。

在处于环形网络中的交换设备上配置 STP 基本功能，典型配置包括：

1）交换机上启用生成树协议。

2）指定根桥和备份根桥设备。

3）配置端口的路径开销值，实现将特定的端口阻塞。

4）与 PC 相连的端口不用参与 STP 计算，将其设置为边缘端口并使能端口的 BPDU 报文过滤功能。

2. 实训步骤

（1）华为厂商设备配置

第一步：在 eNSP 模拟器中添加交换机和计算机，连接后启动所有设备。规划 LSW1 作为主汇聚交换机，LSW2 作为备用汇聚交换机，LSW3 作为接入交换机，如图 4-22 所示。

第 4 章 生成树协议

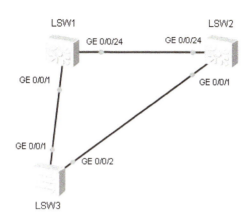

图 4-22

第二步：配置环网中的设备生成树协议工作在 STP 模式。配置如下：
#LSW1 配置生成树协议工作在 STP 模式，并全局使能 STP。
<Huawei>system-view
[Huawei]sysname LSW1
[LSW1]stp mode stp
[LSW1]stp enable
#LSW2 配置生成树协议工作在 STP 模式，并全局使能 STP。
<Huawei>system-view
[Huawei]sysname LSW2
[LSW2]stp mode stp
[LSW2]stp enable
#LSW3 配置生成树协议工作在 STP 模式，并全局使能 STP。
<Huawei>system-view
[Huawei]sysname LSW3
[LSW3]stp mode stp
[LSW3]stp enable
注：华为交换机默认启用了生成树协议的 MSTP 模式。
第三步：配置根桥和备份根桥设备。
配置 LSW1 为根桥。
[LSW1] stp root primary
配置 LSW2 为备份根桥。
[LSW2] stp root secondary
第四步：配置端口的路径开销值，实现将指定的端口阻塞。
配置 LSW3 交换机的 GE0/0/1 端口路径开销值为 30000
[LSW3]interface GigabitEthernet 0/0/2
[LSW3-GigabitEthernet0/0/2]stp cost 30000
注：eNSP 模拟器中的交换机，其 GE 端口的生成树默认路径开销值为 20000。
第五步：在接入交换机上将与 PC 相连的端口设置为边缘端口，并使能端口的 BPDU 报文过滤功能。
在 LSW3 上利用端口组方式对与 PC 相连的端口同时进行端口设置
[LSW3]port-group group-member Ethernet 0/0/1 to Ethernet 0/0/22
[LSW3-port-group]stp edged-port enable   // 设置为边缘端口

[LSW3-port-group]stp bpdu-filter enable   // 使能端口的 BPDU 报文过滤功能

第六步：验证生成树配置结果，如图 4-23~ 图 4-25 所示。

\# 在 LSW1 上执行 display stp brief 命令，查看端口状态和端口的保护类型

```
<LSW1>display stp brief
 MSTID   Port                        Role   STP State    Protection
   0     GigabitEthernet0/0/1        DESI   FORWARDING   NONE
   0     GigabitEthernet0/0/24       DESI   FORWARDING   NONE
```

图 4-23

\# 在 LSW2 上执行 display stp brief 命令，查看端口状态和端口的保护类型

```
<LSW2>display stp brief
 MSTID   Port                        Role   STP State    Protection
   0     GigabitEthernet0/0/1        DESI   FORWARDING   NONE
   0     GigabitEthernet0/0/24       ROOT   FORWARDING   NONE
```

图 4-24

\# 在 LSW3 上执行 display stp brief 命令，查看端口状态和端口的保护类型

```
<LSW3>display stp brief
 MSTID   Port                        Role   STP State    Protection
   0     GigabitEthernet0/0/1        ROOT   FORWARDING   NONE
   0     GigabitEthernet0/0/2        ALTE   DISCARDING   NONE
```

图 4-25

端口 GE0/0/2 在生成树选举中成为 Alternate 端口，处于 DISCARDING 状态。

（2）思科、中兴、DCN、锐捷等厂商设备配置

第一步：按照图 4-22 连接好设备。

第二步：3 台 5900 的配置均相同，配置及说明如下：

HOSTNAME（config）#spanning-tree enable   // 使能生成树协议
HOSTNAME（config）#spanning-tree mode rstp   // 配置生成树协议的当前模式为 RSTP

第三步：设定根交换机。

HOSTNAME（config）# spanning-tree mst instance 0 priority 61440 // 修改实例 0 的网桥优先级，61 440=15*4096，根据需要，优先级可设置为 i*4096，i=0...15

3. 拓展练习

1）参考 3 种以上不同网络设备厂商的产品配置手册，练习不同厂商的交换机生成树协议配置。

2）根据厂商的产品配置手册，练习生成树协议工作在 RSTP 模式。对比测试 STP 模式和 RSTP 模式中链路发生变化时的网络收敛时间。

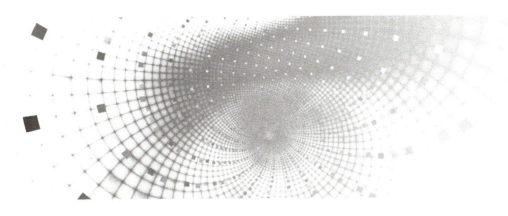

第 5 章　OSPF 路由协议

学习目标：
　　网络安全工程师要求能够完成系统网络拓扑图的建立和完善，并做好系统路由的解析工作，OSPF 路由协议是现在网络中应用最广泛的路由协议之一，本章将帮助读者掌握 OSPF 路由协议的基本原理和简单配置方法，培养阅读路由表、分析网络路由的能力。

5.1 OSPF 协议介绍

　　一般的三层设备（路由器、三层交换机等）在进行网络间互联的时候，默认情况下路由表中只存在和它直连网络的路由表信息，而对于非直连网络的路由表信息，必须通过配置静态路由和动态路由来获得。所谓静态路由，就是手动在三层设备上配置非直连网络的路由表项，这种方式对三层设备的开销小，但是对于大规模的网络环境，路由表不能动态地进行更新，所以这个时候需要动态路由协议，如 RIP、OSPF，目的是使三层设备能够动态更新路由表项，但是这种方式的缺点是会增加三层设备的额外开销。

　　开放式最短路径优先（Open Shortest Pth First，OSPF）协议是由 Internet 工程任务组（Internet Engineering Tash Force，IETF）开发的路由协议，用来替代存在一些问题的 RIP（Routing Information Protocol，路由信息协议）。目前，OSPF 协议是 IETF 组织建议使用的内部网关协议（Interior Gateway Protocol，IGP）。它是一个链路状态协议，使用了 Dijkstra 的最短路径优先算法，且开放标准，不属于任何一个厂商或组织。OSPF 有很多历史版本，OSPF 版本 2 是目前 IPv4 仍然在使用的。

5.1.1 OSPF 协议特性

　　1）适应规模较大的网络。支持各种规模的网络，最多可支持几百台路由器。
　　2）快速收敛。在网络的拓扑结构发生变化后立即发送更新报文，并使这一变化在整个自治系统中快速同步。
　　3）无自环。由于 OSPF 根据收集到的链路状态用最短路径树算法计算路由，从算法本身保证了不会形成路由环路。
　　4）区域划分。允许自治系统的网络被划分成区域来管理，区域间传送的路由信息被进一步抽象，从而减少了它所占用的网络带宽。

5）等价路由。支持到同一目的地址的多条等价路由负载均衡。

6）路由分级。使用4类不同的路由，按优先顺序从高到低依次是区域内路由、区域间路由、第一类外部路由以及第二类外部路由。

7）支持验证。支持基于接口的协议报文验证，以保证协议报文交互的安全性。

8）组播发送。在某些类型（广播和点对点类型）的链路上以组播地址方式发送协议报文，减少对其他设备的干扰。

5.1.2 SPF 算法

SPF 算法（又称 Dijkstra 算法）是路由表计算的依据，通过该算法可以得到有关网络节点的最短路径树，然后由最短路径树得到路由表。

1. 算法描述

1）初始化集合 E，使之只包含源节点 S，并初始化集合 R，使之包含所有其他节点。初始化路径列 O，使其包含一段从 S 起始的路径。这些路径的长度值等于相应链路的度量值，并以递增顺序排列列表 O。

2）若列表 O 为空，或者 O 中第 1 个路径长度为无穷大，则将 R 中所有剩余节点标注为不可达，并终止算法。

3）首先寻找列表 O 中的最短路径 P，从 O 中删除 P。设 V 为 P 的最终节点。若 V 已在集合 E 中，则继续执行步骤 2）。否则，P 为通往 V 的最短路径。将 V 从 R 移至 E。

4）建立一个与 P 相连并从 V 开始的所有链路构成的候选路径集合。这些路径的长度是 P 的长度加上与 P 相连的长度。将这些新的链路插入有序表 O 中，并放置在其长度所对应的等级上。继续执行步骤 2）。

2. 算法举例

下面以路由器 A 为例，来说明最短路径树的建立过程：

1）路由器 A 找到了路由器 B、C，将它们列入候选列表 {B：1；C：2}。

2）从候选列表中找出最小代价项 B，将 B 加入最短路径树并从候选列表中删除。接着从 B 开始寻找，找到了 D，将其放入候选列表 {C：2；D：2}。

3）从列表中找出 C，再由 C 又找到了 D。但此时 D 的代价为 4，所以不再加入候选列表。最后将 D 加入到最短路径树。此时候选列表为空，完成了最短路径树的计算。

3. OSPF 路由表的计算与实现

路由表的计算是 OSPF 的核心内容，它是动态生成路由器内核路由表的基础。在路由表条目中，应包括目标地址、目标地址的类型、链路的代价、链路的存活时间、链路的类型以及下一跳等内容。整个计算的过程主要包括以下 5 个步骤：

1）保存当前路由表。当前存在的路由表为无效的，必须重新建立路由表。

2）域内路由的计算。通过 Dijkstra 算法建立最短路径树，从而计算域内路由。

3）域间路由的计算。通过检查 Summary-LSA 来计算域间路由，若该路由器连到多个域，则只检查主干域的 Summary-LSA。

4）查看 Summary-LSA。在连到一个或多个域的域边界路由器中，通过检查该域内的 Summary-LSA 来检查是否有比第2）和第3）步更好的路径。

5）AS 外部路由的计算。通过查看 AS-External-LSA 来计算目的地在 AS 外的路由。

通过以上步骤，OSPF 生成了路由表。但这里的路由表还不同于路由器中实现路由转发功能时用到的内核路由表（通常可以由 show ip route 命令查看到的路由表），它只是 OSPF 本身的内部路由表。因此，完成上述工作后，还要通过路由增强功能与内核路由表进行交互，从而实现多种路由协议的学习。

5.1.3 OSPF 的基本原理

OSPF 协议和 RIP 都是动态路由协议，它们的最终目标都是要形成实时的路由表，与 RIP 不同的是，每台 OSPF 路由器在形成最终的路由表时，都经历了以下3个阶段：

1）路由器相互交换链路状态信息。

每台 OSPF 路由器根据自己周围的网络拓扑结构生成链路状态广播（Latent Semantic Analysis，LSA），并通过更新报文将 LSA 发送给特定网络范围中的其他 OSPF 路由器。

2）路由器根据链路状态信息形成一致的拓扑结构

每台 OSPF 路由器都会收集特定网络范围内其他路由器通告的 LSA，所有的 LSA 放在一起便组成了链路状态数据库（Link State Database，LSDB）。LSA 是对路由器周围网络拓扑结构的描述，LSDB 则是对整个区域的网络拓扑结构的描述。

OSPF 路由器将 LSDB 转换成一张带权的有向图，这张图便是对整个网络拓扑结构的真实反映。各个路由器得到的有向图是完全相同的。

3）SPF 算法根据拓扑图计算从当前节点到各个目标网络的最短路径。

每台路由器根据有向图，使用 SPF 算法计算出一棵以自己为根的最短路径树，这棵树给出了到区域中各节点的路由。

5.2 OSPF 的工作原理

OSPF 的路由器从所有启动 OSPF 协议的接口上发出"招呼"数据包（Hello，Packet），如果两台路由器共享一条公共数据链路，并且能够相互成功协商它们各自的"招呼"数据包中指定的某些参数，那么它们就成了邻居。

邻接关系可以想象成为一条点到点的虚链路，它形成在一些邻居路由器之间。OSPF 协议定义了一些网络类型和一些路由器类型的邻接关系。邻接关系的建立是由交换"招呼"信息的路由器类型和网络类型决定的。

每一台路由器都会在所有形成邻接关系的邻居之间发送链路状态广播（LSA），LSA 描述了路由器所有的链路、接口、路由器的邻居以及链路状态信息。这些链路可以是到一个末梢网络（Stub Network，指没有和其他路由器相连的网络）的链路、到其他 OSPF 路由器的链路、到其他区域网络的链路，或是到外部网络（从其他的路由选择进程学习得到网络）的链路。由于这些链路状态信息的多样性，OSPF 协议定义了许多 LSA 类型。

每一台收到从邻居路由器发出的 LSA 的路由器都会把这些 LSA 记录在它的链路状态数据库中，并发送一份 LSA 的副本给这台路由器的其他所有邻居。通过 LSA 泛洪扩散到整个区域，所有的路由器都会形成同样的链路状态数据库。

当这些路由器的数据库完全相同时，每一台路由器都将以其自身为根，使用 SPF 算法来计算一个无环路的拓扑图，以描述其所知道的到达每一个目的地的最短路径（最小的路径代价）。这个拓扑图就是 SPF 算法树。每一台路由器都将从 SPF 算法树中构建出自己的路由表。

当所有的链路状态信息泛洪到区域内的所有路由器上，并且邻居验证它们的数据库也相同（即链路状态数据库已经同步），从而成功创建路由表时，OSPF 协议就变成了一个"安静"的协议。邻居之间交换的"招呼"数据包被称为 Keepalive，每隔 30min 会重传一次 LSA。如果网络拓扑稳定，那么网络中将不会有什么活动或行为发生。

5.2.1 OSPF 的网络类型

OSPF 的路由形成依靠于整网拓扑结构的形成，而要形成整网的拓扑结构图，就需要在 OSPF 路由器之间交换各自的链路状态信息。OSPF 规定只有形成了邻接关系的路由器之间才可以交换 LSA，如果两台路由器之间只是邻居而没有邻接关系，就不可以交换 LSA。并不是所有的邻居路由器都可以形成邻接关系，而是否可以形成邻接关系主要依靠两者所处的链路网络类型，不同的网络类型会影响 OSPF 数据包的传送方式。

1. OSPF 的 4 种网络类型

OSPF 根据链路层协议类型将网络分为以下 4 种类型。

1）Broadcast：当链路层协议是 Ethernet、FDDI 时，OSPF 默认网络类型为 Broadcast。在该类型的网络中，通常以组播形式（224.0.0.5 和 224.0.0.6）发送协议报文。

2）NBMA（Non-Broadcast Multi-Access，非广播多路访问网络）：当链路层协议是帧中继、ATM 或 X.25 时，OSPF 默认网络类型为 NBMA。在该类型的网络中，以单播形式发送协议报文。

对于接口网络类型为 NBMA 的网络需要进行一些特殊的配置。由于无法通过组播"招呼"报文的形式发现邻居路由器，必须手动为该接口指定邻居路由器的 IP 地址，以及该相邻路由器是否有 DR（指定路由器）选举权等。

NBMA 网络必须是全连通的，即网络中任意两台路由器之间都必须有一条虚链路直接可达。如果部分路由器之间没有直接可达的链路，应将接口配置成 P2MP（点对多点）类型；如果路由器在 NBMA 网络中只有一个对端，也可将接口类型配置为 P2P（点对点）类型。

3）P2MP（Point-to-MultiPoint，点到多点）：没有一种链路层协议会被默认为 P2MP 类型，点到多点必须是由其他的网络类型强制更改。常用的做法是将 NBMA 改为点到多点的网络。在该类型的网络中，以组播形式（224.0.0.5）发送协议报文。

NBMA 与 P2MP 网络之间的区别如下：

① NBMA 网络是指那些全连通的、非广播、多点可达网络，而 P2MP 网络，则不一定是全连通的。

② 在 NBMA 网络中需要选举 DR 与 BDR（备份指定路由器），而在 P2MP 网络中没有 DR 与 BDR。

③ NBMA 是一种默认的网络类型，而 P2MP 网络必须由其他的网络强制更改。最常见的做法是将 NBMA 网络改为 P2MP 网络。

④ NBMA 网络采用单播发送报文，需要手动配置邻居（使用 neighbor 命令来指定）。P2MP 网络采用组播方式发送报文。

4）P2P（Point-to-Point，点到点）：当链路层协议是 PPP、HDLC 时，OSPF 默认网络类型为 P2P。在该类型的网络中，以组播形式（224.0.0.5）发送协议报文。

2. DR 和 BDR

在广播网和 NBMA 网络中，任意两台路由器之间都要交换路由信息。如果网络中有 n 台路由器，则需要建立 $\frac{n(n-1)}{2}$ 个邻接关系。这使得任何一台路由器的路由变化都会导致多次传递，浪费了带宽资源。为解决这一问题，OSPF 协议定义了指定路由器 DR（Designated Router），其他路由器都只将 LSA 信息发送给 DR 和 BDR，由 DR 将网络链路状态发送出去。

如果 DR 由于某种故障而失效，则网络中的路由器必须重新选举 DR，再与新的 DR 同步。这需要较长的时间，在这段时间内，路由的计算是不正确的。为了缩短这个过程，OSPF 提出了备份指定路由器（Backup Designated Router，BDR）的概念。

BDR 实际上是对 DR 的一个备份，在选举 DR 的同时也选举出 BDR，BDR 也和本网段内的所有路由器建立邻接关系并交换路由信息。当 DR 失效后，BDR 会立即成为 DR。由于不需要重新选举，并且邻接关系事先已建立，所以这个过程非常短暂。当然这时还需要再重新选举出一个新的 BDR，虽然一样需要较长的时间，但并不会影响路由的计算。

DR 和 BDR 之外的路由器（称为 DR Other）之间将不再建立邻接关系，也不再交换任何路由信息（除了 Hello Packet）。这样就减少了广播网和 NBMA 网络上各路由器之间邻接关系的数量。

这种设计的考虑是让 DR 或 BDR 成为信息交换的中心，而不是让每台路由器与该网段上的其他路由器两两之间做信息的交换。路由器首先与 DR、BDR 交换更新信息，然后 DR、BDR 将这些更新信息转发给该网段上的其他路由器。

如图 5-1 所示，用实线代表以太网物理连接，虚线代表建立的邻接关系。可以看到，采用 DR/BDR 机制后，5 台路由器之间只需要建立 7 个邻接关系就可以了。

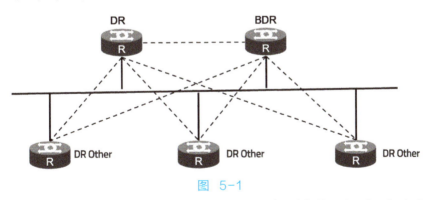

图 5-1

通常所有的路由器在同一个多点可达网段上通过相互交换"招呼"报文来选择 DR 和 BDR。在该网段上的每台路由器（它们之间已经成为 Neighbor）会进一步与 DR 和 BDR 建立邻接（Adjacency）关系。

DR 与 BDR 的选择是通过"招呼"报文来进行的，而"招呼"报文又是通过每个网段上的 IP 组播报文来进行交换的。在一个网段上，OSPF 优先级最高的那台路由器将成为 DR，OSPF 优先级次高的那台路由器将成为 BDR。

若 OSPF 的优先级相同，则路由器的 Router ID 较大的将成为 DR。默认情况下，OSPF

的优先级为 1。DR 和 BDR 的概念只在广播网络和 NBMA 的网段上才有，P2P、P2MP 等网络上没有这个概念。

DR 和 BDR 使用 224.0.0.5（ALL SPF Router Address）发送 Hello Packet（招呼数据包），而收到报文的路由器以 224.0.0.6（ALL DR Router Address）发送确认报文，表示收到了 Hello Packet。

注意：在广播网络中不论是 DR、BDR 还是 DR Other，发送 Hello Packet 的时候目标地址都是 All SPF Router（224.0.0.5），DR Other 向 DR、BDR 发送 DD（Database Description，数据库摘要报文）、LSA Request（LSA 请求报文）或者 LSA Update（LSA 更新报文）时目标地址是 All DR Router（224.0.0.6）；DR、BDR 向 DR Other 发送 DD、LSA Request 或者 LSA Update 时目标地址是 All SPF Router（224.0.0.5），重传的 LSA 都是单播，LSAck 要看是明确回应（Explicit Ack，单播）还是模糊回应（Implicit Ack，多播 224.0.0.6），如图 5-2 所示。

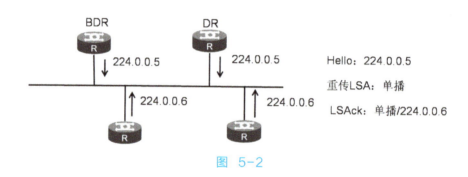

图 5-2

3. DR 和 BDR 的选举过程

DR 和 BDR 是由同一网段中所有的路由器根据路由器优先级、Router ID，通过 Hello 报文选举出来的，只有优先级大于 0 的路由器才具有参选资格。

进行 DR、BDR 选举时每台路由器将自己选出的 DR 写入 Hello 报文中，发给网段上的每台运行 OSPF 协议的路由器（224.0.0.5）。当处于同一网段的两台路由器同时宣布自己是 DR 时，路由器优先级高者胜出，如果优先级相等，则 Router ID 大者胜出。如果一台路由器的优先级为 0，则它不会被选举为 DR 或 BDR。

需要注意以下几点：

1）只有在广播或 NBMA 类型接口上才会选举 DR，在点到点或点到多点类型的接口上不需要选举 DR。

2）DR 是某个网段中的概念，是针对路由器的接口而言的。某台路由器在一个接口上可能是 DR，在另一个接口上有可能是 BDR 或是 DR Other。

3）路由器的优先级可以影响一个选举过程，但是当 DR、BDR 已经选举完毕，就算一台具有更高优先级的路由器变为有效，也不会替换该网段中已经选出的 DR 或 BDR。

4）DR 并不一定就是路由器优先级最高的路由器接口；同理，BDR 也并不一定就是路由器优先级次高的路由器接口。

5.2.2 OSPF 的相关概念

1. 自治系统

自治系统（Autonomous System）就是处于一个管理机构控制之下的路由器和网络群组，如图 5-3 所示。它可以是一个路由器直接连接到一个 LAN 上，同时也连到 Internet 上；也可以是一个由企业骨干网互联的多个局域网。在一个自治系统中的所有路由器都必须相互连接，使用统一的路由选择管理策略，同时分配同一个自治系统编号（ASN）。自治系统之间的链接使用外部路由协议（如 BGP）。

一个自治系统的网络内部进行路由信息通信使用的是内部网关协议（Interior Gateway Protocol，IGP），而各个自治系统网络之间是通过边界网关协议（Border Gateway Protocol，BGP）来共享路由信息的。之前通常使用外部网关协议（EGP，Exterior Gateway Protocol）来进行路由信息的通信。

自治系统有时也被称为路由选择域（Routing Domain）。一个自治系统将会分配一个全局唯一的号码，这个号码叫作自治系统号。

OSPF 路由协议支持自治系统的概念，并支持在此基础上的网络路由扩充。

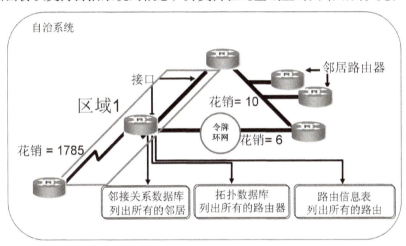

图 5-3

2. 路由器 ID

一台路由器如果要运行 OSPF 协议，则必须存在 RID（Router ID，路由器 ID）。RID 是一个 32bit 的无符号整数，可以在一个自治系统的所有网络中唯一地标识一台路由器。

RID 可以手工配置，也可以自动生成；如果没有命令指定 RID，将按照以下顺序自动生成一个 RID：

1）如果当前设备配置了 Loopback 接口，将选取所有 Loopback 接口上数值最大的 IP 地址作为 RID。

2）如果当前设备没有配置 Loopback 接口，将选取它所有已经配置 IP 地址且链路有效的接口上数值最大的 IP 地址作为 RID。

注意：如果当前 Loopback 接口配置的 IP 地址小于真实物理接口的 IP，将选取 Loopback 的接口 IP 作为 RID。例如，在路由器中配置 F0/0 的接口 IP1.1.1.1，Loopback0 的地址 1.0.0.1，使用 Debug 后看到路由器生成的 LSA 中 RID 为 1.0.0.1。Debug 信息如下：
OSPF：Build RTR_LSA for area 0, rID 1.0.0.1, seq0x80000005

3. 邻居

同一个网段上的路由器可以成为邻居。邻居是通过 Hello 报文来选择的，Hello 报文使用 IP 多播方式（224.0.0.5）在每个端口定期发送。路由器一旦在其相邻路由器的 Hello 报文中发现它们自己，那么它们就成为邻居关系了，这种方式需要通信的双方确认。邻居的协商只在主地址（Primary Address，每个端口的第一地址，与 Secondary 地址相对）间进行。

两个路由器之间如果不满足下列条件，就不能成为邻居。

1）Area-id：两个路由器必须有共同的网段，它们的端口必须属于该网段上的同一个区域，当然这些端口必须属于同一个子网。

2）验证（Authentication OSPF）：允许给每一个区域配置一个密码来进行互相验证。路由器必须交换相同的密码，才能成为邻居。

3）Hello Interval 和 Dead Interval：OSPF 协议在每个网段上交换 Hello 报文，这是 Keepalive 的一种形式，路由器用它来确认该网段上存在哪些路由器，并且选定一个指定路由器。Hello Interval 定义了路由器上 OSPF 端口发送 Hello 报文时的时间间隔（单位为 s）。Dead Interval 是指邻居路由器宣布其状态为 DOWN 之前，没有收到其 Hello 报文的时间。

OSPF 协议需要两个邻居路由器的时间间隔相同，如果这些时间间隔不同，这些路由器就不能成为邻居路由器。可在路由器的端口模式下设置这些定时器：

a）ip ospf hello-interval <seconds>

b）ip ospf dead-interval <seconds>

4）Stub（末梢）区标记：两个路由器为了成为邻居还可以在 Hello 报文中通过协商 Stub 区的标记来实现。Stub 区的定义会影响邻居选择的过程。

4. OSPF 的协议报文种类

OSPF 有 5 种类型的协议报文：

1）Hello 报文：周期性发送，用来发现和维持 OSPF 邻居关系。内容包括一些定时器的数值、DR、BDR 以及自己已知的邻居。

2）DD（Database Description，数据库描述）报文：描述了本地 LSDB 中每一条 LSA 的摘要信息，用于两台路由器进行数据库同步。

3）LSR（Link State Request，链路状态请求）报文：向对方请求所需的 LSA。两台路由器互相交换 DD 报文之后，得知对端的路由器有哪些 LSA 是本地 LSDB 所缺少的，这时需要发送 LSR 报文向对方请求所需的 LSA。内容包括所需要的 LSA 的摘要。

4）LSU（Link State Update，链路状态更新）报文：向对方发送其所需要的 LSA。

5）LSAck（Link State Acknowledgment，链路状态确认）报文：用来对收到的 LSA 进行确认。内容是需要确认的 LSA 的 Header（一个报文可对多个 LSA 进行确认）。

5. 区域

在 OSPF 路由协议的运行中，最基本的过程是在路由器之间交换各自的链路状态，在这个阶段，所有运行 OSPF 协议的路由器都需要相互交换各自的链路状态信息，其目标是让所有 OSPF 路由器都知道整个网络中每台路由器的周围链路情况以及其状态和属性。因为只有这样，OSPF 路由器才能形成整个网络的拓扑结构图，才能进一步计算到每个网络的路径。

但是路由协议传递消息是要占用网络带宽的，在一个包含若干 OSPF 路由器的网络中，每台路由器都将自己的链路状态一层层传递到最远的路由器，将会占用大量网络带宽。

解决这一问题的办法就是缩小这个范围，将可以接收的链路状态传递流量限制在合理的范围，这个范围就是"区域"。OSPF 区域将网络分为若干个较小部分，以减少每台路由器存储和维护的信息量。

每台路由器最终会拥有它所在区域的完整信息。各区域之间的信息是共享的，路由选择信息可以在区域边缘被过滤（某些信息将不允许跨越边界进入其他区域），过滤可以减少路由器里存储的路由选择信息量。

划分区域的好处：

1）减少 CPU 负担。

2）DB（路由数据库）减小，LSA（链路状态通告）减少。

3）某些 LSA 被限制在区域内。

区域的边缘在路由器上进行界定，当一个区域中的路由信息到达边界路由器时，可以严格执行过滤或者转发的决定。

每个区域都包含几个完整的网络段，不存在某个网段既属于区域 A 又属于区域 B 的，但却存在某台路由器既属于区域 A 又属于区域 B 的，这类路由器叫作区域边界路由器。

一个区域用 32 bit 无符号数来标识。区域 0 被保留用来标识骨干网络，一个 OSPF 网络必须有一个骨干区域。其他所有区域必须直接连在区域 0 上，这是避免区域间形成路由环路的关键因素。

6. 环路避免

OSPF 防止环路产生的机理是，域内的防环机制是靠 SPF 算法计算出一个无环路的拓扑数据库，域间的防环机制是靠骨干区域，因为所有的普通区域都要和骨干区域相连，虽然 OSPF 在区域内是一个链路状态协议，但是在区域间的通信使用了距离矢量的协议（用跳来计算），那么域间的通信就必须经过骨干区域，有效地防止了区域间环路的产生。

7. 路由器的类型

路由器根据它在区域内的任务，可以是区域内部路由器也可以是区域边界路由器。根据区域的不同，路由器的种类也分为很多种，具体分类如下：

1）内部路由器：路由器的所有接口在同一个区域内；

2）骨干路由器：路由器至少有一个接口在区域 0 内；

3）区域边界路由器（Area Border Router，ABR）：路由器至少有一个接口在区域 0 并且至少有一个接口在其他区域；

4）自治系统边界路由器（AS Border Router，ASBR）：路由器连接一个运行 OSPF 的 AS，同时也连接另一个运行其他协议（如 RIP 或 IGRP）的 AS。

当一台路由器运行 RIP、EIGRP、OSPF 且做了重分布，不管重分布是否用上，只要做了重分布，该设备就是 OSPF 的 ASBR，如图 5-4 所示。

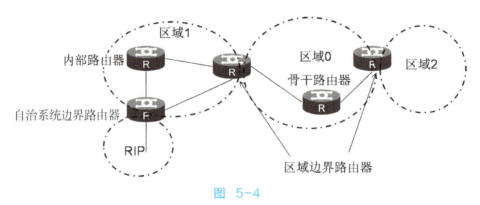

图 5-4

通常，可以在 ABR 路由器中对区域间路由进行汇总，如图 5-5 所示。其优点是可以极大地提高路由查找的效率。另外通过在 ASBR 汇总外部路由信息也可以进一步减少路由处理量。

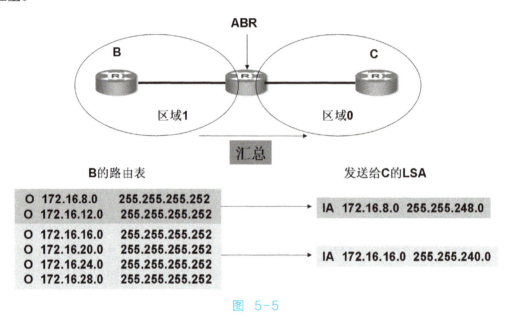

图 5-5

8. 邻接关系及邻居状态机

邻居关系形成后路由器之间就可以开始进行邻接关系的建立了。成为邻接关系的路由器之间，不仅会进行简单的 Hello 报文交换，还会进行整个数据库的交换。

邻接关系的建立需要经历以下几个阶段：

1）DOWN 状态，表示在网络中没有收到任何信息或在最近一个 RouterDeadInterval 中没有收到 Hello 包。

2）Attempt 状态，在 Frame Relay 和 X.25 等 NBMA 网络中，这种状态是一个中间状态，当具有 DR 选举资格的路由器的 NBMA 网络接口开始变为活跃时，或者当这台路由器成为 DR 或 BDR 时，这台路由器会认为它的邻居状态为 Attempt 状态，这表示它没有从其配置的邻居路由器上接收任何信息。

3）Init 状态，相关端口检测到从邻居路由器上传来的 Hello 报文，但还没有建立起双向通信。

4）Two-way 状态，路由器与其邻居路由器建立起双向通信，路由器会在其邻居路由器发送过来的 Hello 报文中看到自己的路由器 ID。在这个状态的末段将进行 DR 和 BDR 的选择，邻居路由器间决定是否建立邻接关系。

以上状态表示如图 5-6 所示。

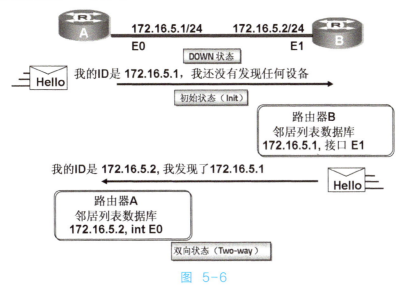

图 5-6

5）Exstart 状态，在该状态中路由器会产生一个初始序列号，用来交换信息报文，这个序列号能确保路由器收到的是最新的报文信息，一个路由器将成为主路由器（Master），另一个路由器则成为从路由器（Slave），主路由器会获得从路由器的信息。

6）Exchang 状态，路由器通过发送 DD 报文来建立整个链路状态数据库。在这个状态过程中，报文会泛洪（Fooding）到路由器的其他端口上。同时也会发送请求数据包给它的邻居路由器，用来请求最新的 LSA。

以上状态表示如图 5-7 所示。

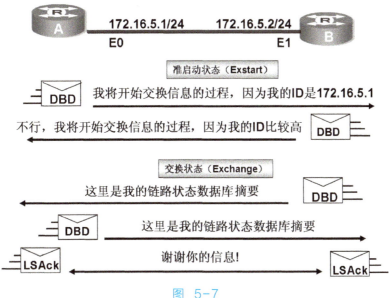

图 5-7

7) Loading 状态，在这个状态中，路由器将结束信息的交换，会建立一个链路状态请求列表（Link-state Request List）和一个链路状态转发列表（Link-state Retransmission List）。所有的不完整的或废弃的信息都将放到请求列表中，所有的更新报文（LSU）将被送到转发列表中，直到该报文得到回应。

8) Full 状态，在这个状态过程中，邻接关系已经形成，邻居路由器完全邻接，邻接路由器具有相同的链路状态数据库。

以上状态表示如图 5-8 所示。

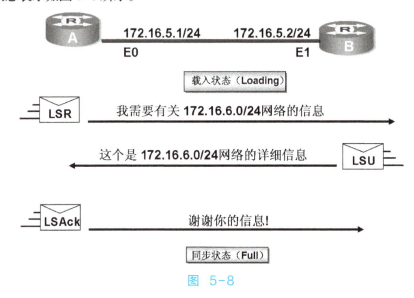

图 5-8

9. LSA 的类型

OSPF 中对链路状态信息的描述都是封装在 LSA 中发布出去，常用的 LSA 有以下几种类型。

1) Router LSA（Type1）：由每台路由器产生，描述路由器每条链路状态和出站开销，在其本地区域内传播。在路由器中可以使用 show ip ospf database router 命令查看这类 LSA。

2) Network LSA（Type2）：由 DR 产生，描述本网段所有路由器的链路状态，在其始发的区域内传播。在路由器中可以使用 show ip ospf database network 命令查看这类 LSA。

3) Network Summary LSA（Type3）：由 ABR（Area Border Router，区域边界路由器）产生，描述区域内某个网段的路由，并通告给其他区域。跨越区域传递，目的是向其他区域的路由器描述到达本区域的网段路由。在路由器中可以使用 show ip ospf database summary 命令查看这类 LSA。

4) ASBR Summary LSA（Type4）：由 ABR 产生，描述到自治系统边界路由器（Autonomous System Boundary Router，ASBR）的路由，通告给相关区域。在路由器中可以使用 show ip ospf database asbr-summary 命令查看这类 LSA。

5) AS External LSA（Type5）：由 ASBR 产生，描述到自治系统（Autonomous System，AS）外部的路由，通告到所有的区域（除了 Stub 区域和 NSSA 区域）。在路由器中可以使用 show ip ospf database external 命令查看这类 LSA。

6) NSSA External LSA（Type7）：由 NSSA（Not-So-Stubby Area）区域内的 ASBR 产生，

描述到 AS 外部的路由，仅在 NSSA 区域内传播。在路由器中可以使用 show ip ospf database nssa-external 命令查看这类 LSA。

7）Opaque LSA：是一个被提议的 LSA 类别，由标准的 LSA 头部后面跟随特殊应用的信息组成，可以直接由 OSPF 协议使用，或者由其他应用分发信息到整个 OSPF 域间接使用。Opaque LSA 分为 Type 9、Type10 和 Type11 3 种类型，对应的泛洪区域不同；其中，Type 9 的 Opaque LSA 仅在本地链路范围进行泛洪，Type 10 的 Opaque LSA 仅在本地区域范围进行泛洪，Type 11 的 LSA 可以在一个自治系统范围进行泛洪。

10. 花销

OSPF 的度量值采用花销的概念，其计算方法是 Σ（100M/ 链路带宽），意思是将路径上的每段链路带宽的倒数乘 100M 再相加，得出花销的总和。

与 RIP 相比，这种度量值可以从数值上直观地反映链路的快慢，比起只用跳数衡量更加精确。

5.2.3 OSPF 的工作流程

每台路由器通过发送链路状态通告 LSA 提供有关路由器的邻接信息，或通知其他路由器某个路由器的状态改变了，如图 5-9 所示。通过把已经建立的邻接路由器与连接状态相比较，可以快速检测出失效路由器，并适时修改网络的链路状态数据库，每一路由器以其自身为根计算一个最短路径树，该最短路径树就提供了一个路由表。

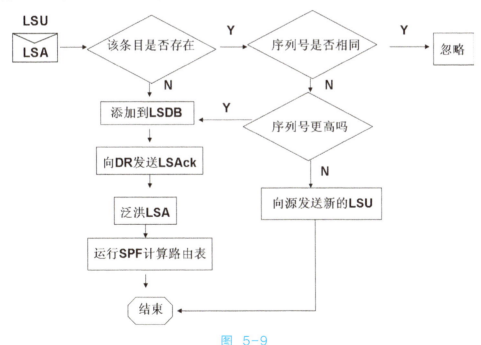

图 5-9

OSPF 规定，每两个相邻路由器每隔 10s 要交换一次 Hello 报文，以确知哪些邻站是可达的。只有可达邻站的链路状态信息才存入链路状态数据库，并由此计算路由表。

若 40s 后没有收到某个相邻路由器发来的 Hello 报文，则可认为该相邻路由器不可达，应立即修改链路状态数据库，并重新计算路由表。

当一个路由器刚开始工作时，它只能通过 Hello 报文得知它有哪些相邻的路由器在工作，以及将数据发往相邻路由器的花销。OSPF 让每一个路由器用 DD 报文与相邻路由器交换本数据库中已有的链路状态摘要信息（指出有哪些路由器的链路状态信息已写入数据库）。之后路由器使用 Link State Request 报文向对方请求发送自己所缺的某些链路状态项的详细信息。通过一系列的报文交换，全网的链路状态数据库就建立起来了。

在网络运行的过程中，只要一个路由器的链路状态发生变化，该路由器就要使用 Link State Update 报文，用泛洪法向全网更新链路状态。当一个重复的报文到达时，网关丢弃该报文，而不发送它的副本。为了确保链路状态数据库与全网的状态保持一致，OSPF 还规定每隔一段时间（如 30min）要刷新一次数据库中的链路状态。

5.2.4 OSPF 报文格式

OSPF 协议报文被封装在 IP 之上，并将 IP 报文中的 TTL 值设为 1，如图 5-10 所示。如果在 IP 数据包的协议号字段值为 89，则意味这个 IP 数据包的净载部分携带的是 OSPF 数据包，如图 5-10 所示。

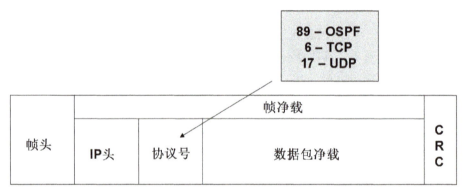

图 5-10

所有的 OSPF 报文都具有相同的报文头格式，如图 5-11 所示。

0	7	15	31
Version	Type	Packet length	
Route ID			
Area ID			
Checksum		AuthType	
Authentication			

图 5-11

主要字段的解释如下：

• Version：OSPF 的版本号。对于 OSPFv2 来说，其值为 2。

• Type：OSPF 报文的类型。数值从 1~5，分别对应 Hello 报文、DD 报文、LSR 报文、LSU 报文和 LSAck 报文。

• Packet length：OSPF 报文的总长度，包括报头在内，单位为 Byte。

• Router ID：始发该 LSA 的路由器 ID。

• Area ID：始发 LSA 的路由器所在的区域 ID。

• Checksum：对整个报文的校验和。

- AuthType：验证类型。可分为不验证、简单（明文）密码验证和 MD5 验证，其值分别为 0、1、2。
- Authentication：其数值根据验证类型而定。当验证类型为 0 时未作定义，为 1 时此字段为密码信息，类型为 2 时此字段包括 Key ID、MD5 验证数据长度和序列号的信息。

说明：

MD5 验证数据添加在 OSPF 报文后面，不包含在 Authenticaiton 字段中。

以一个 LSA 为例，典型的 OSPF 数据包结构如图 5-12 所示。

IP头	OSPF包头	LSA数量	LSA头	LSA数据

图 5-12

1. Hello 报文

作用：发现及维持邻居关系。Hello 报文格式如图 5-13 所示。

0	7	15	31
Version	1	Packet Length	
Route ID			
Area ID			
Checksum		AuthType	
Authentication			
Network Mask			
Hello Interval		Options	Rtr Pri
RouterDeadInterval			
Designated Router			
Backup Designated Router			
Neighbor			
……			

图 5-13

主要字段解释如下：

- Network Mask：发送 Hello 报文的接口所在网络的掩码，如果相邻两台路由器的网络掩码不同，则不能建立邻居关系。
- Hello Interval：发送 Hello 报文的时间间隔。如果相邻两台路由器的 Hello 间隔时间不同，则不能建立邻居关系。
- Rtr Pri：路由器优先级。如果设置为 0，则该路由器接口不能成为 DR 或 BDR。
- RouterDeadInterval：失效时间。如果在此时间内未收到邻居发来的 Hello 报文，则认为邻居失效。如果相邻两台路由器的失效时间不同，则不能建立邻居关系。
- Designated Router：指定路由器接口的 IP 地址。
- Backup Designated Router：备份指定路由器接口的 IP 地址。
- Neighbor：邻居路由器的 Router ID。

2. DD 报文

作用：描述本地 LSDB 的摘要。

两台路由器进行数据库同步时，首先用 DD 报文来描述自己的 LSDB，内容包括 LSDB

中每一条 LSA 的 Header（LSA 的 Header 可以唯一标识一条 LSA）。LSA Header 只占一条 LSA 的整个数据量的一小部分，这样可以减少路由器之间的协议报文流量，对端路由器根据 LSA Header 就可以判断出是否已有这条 LSA。DD 报文格式如图 5-14 所示。

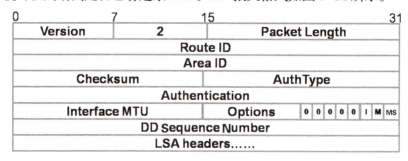

图 5-14

主要字段的解释如下：

• Interface MTU：在不分片的情况下，此接口最大可发出的 IP 报文长度。

• I（Initial）：当发送连续多个 DD 报文时，如果这是第一个 DD 报文，则置为 1，否则置为 0。

• M（More）：当连续发送多个 DD 报文时，如果这是最后一个 DD 报文，则置为 0。否则置为 1，表示后面还有其他的 DD 报文。

• MS（Master/Slave）：当两台 OSPF 路由器交换 DD 报文时，首先需要确定双方的主（Master）从（Slave）关系，Router ID 大的一方会成为 Master。当值为 1 时表示发送方为 Master。

• DD Sequence Number：DD 报文序列号，由 Master 方规定起始序列号，每发送一个 DD 报文序列号加 1，Slave 方使用 Master 的序列号作为确认。主从双方利用序列号来保证 DD 报文传输的可靠性和完整性。

3. LSR 报文

作用：向对端请求本端没有的 LSA。LSR 报文格式如图 5-15 所示。

0	7	15	
Version	3	Packet Length	
Route ID			
Area ID			
Checksum		AuthType	
Authentication			
LS type			
Link State ID			
Advertising Router			
……			

图 5-15

主要字段解释如下：

• LS type：LSA 的类型号。例如，Type1 表示 Router LSA。

• Link State ID：链路状态标识，根据 LSA 的类型而定。

• Advertising Router：产生此 LSA 的路由器的 Router ID。

4. LSU 报文

作用：向对方更新 LSA。

LSU 报文用来向对端路由器发送所需要的 LSA，内容是多条 LSA（完整内容）的集合。LSU 报文格式如图 5-16 所示。

```
0                7               15                              31
┌────────────────┬───────────────┬───────────────────────────────┐
│    Version     │       4       │         Packet Length         │
├────────────────┴───────────────┴───────────────────────────────┤
│                           Route ID                             │
├────────────────────────────────────────────────────────────────┤
│                           Area ID                              │
├────────────────────────────────┬───────────────────────────────┤
│           Checksum             │            AuthType           │
├────────────────────────────────┴───────────────────────────────┤
│                        Authentication                          │
├────────────────────────────────────────────────────────────────┤
│                       Number of LSAs                           │
├────────────────────────────────────────────────────────────────┤
│                          LSAs……                                │
└────────────────────────────────────────────────────────────────┘
```

图 5-16

主要字段解释如下：

- Number of LSAs：该报文包含的 LSA 的数量。
- LSAs：该报文包含的所有 LSA。

5. LSAck 报文

作用：收到 LSU 之后，进行确认。LSAck 报文格式如图 5-17 所示。

```
0                7               15                              31
┌────────────────┬───────────────┬───────────────────────────────┐
│    Version     │       5       │         Packet Length         │
├────────────────┴───────────────┴───────────────────────────────┤
│                           Route ID                             │
├────────────────────────────────────────────────────────────────┤
│                           Area ID                              │
├────────────────────────────────┬───────────────────────────────┤
│           Checksum             │            AuthType           │
├────────────────────────────────┴───────────────────────────────┤
│                        Authentication                          │
├────────────────────────────────────────────────────────────────┤
│                       LSA Headers……                            │
└────────────────────────────────────────────────────────────────┘
```

图 5-17

LSA Headers：该报文包含的 LSA 头部，与 DD 报文的相关内容相仿。

6. LSA 报文头结构

每一个 LSU 报文中都含有若干 LSA 报文，这些 LSA 的具体结构如图 5-18 所示。

```
0                               15              23              31
┌───────────────────────────────┬───────────────┬───────────────┐
│            LS age             │    Options    │    LS type    │
├───────────────────────────────┴───────────────┴───────────────┤
│                         Link State ID                         │
├───────────────────────────────────────────────────────────────┤
│                       Advertising Router                      │
├───────────────────────────────────────────────────────────────┤
│                      LS sequence number                       │
├───────────────────────────────┬───────────────────────────────┤
│          LS checksum          │            length             │
└───────────────────────────────┴───────────────────────────────┘
```

图 5-18

主要字段的解释如下：

- LS age：LSA 产生后所经过的时间，以 s 为单位。LSA 在本路由器的链路状态数据库（LSDB）中会随时间老化（每秒加 1），但在网络的传输过程中却不会。

- LS type：LSA 的类型。
- Link State ID：具体数值根据 LSA 的类型而定。
- Advertising Router：始发 LSA 的路由器的 ID。
- LS sequence number：LSA 的序列号，其他路由器根据这个值可以判断哪个 LSA 是最新的。
- LS checksum：除了 LS age 字段外，关于 LSA 的全部信息的校验和。
- length：LSA 的总长度，包括 LSA Header，单位为 Byte。

5.2.5 LSA 报文的分类及格式

1. Router LSA

Router LSA 报文格式如图 5-19 所示。主要字段的解释如下：

```
0                    15              23            31
┌──────────────────────┬──────────────┬─────────────┐
│       LS age         │   Options    │      1      │
├──────────────────────┴──────────────┴─────────────┤
│                  Link State ID                    │
├───────────────────────────────────────────────────┤
│                Advertising Router                 │
├───────────────────────────────────────────────────┤
│                LS sequence number                 │
├──────────────────────┬────────────────────────────┤
│     LS checksum      │          length            │
├──────┬─┬─┬───────────┼────────────────────────────┤
│  0   │V│E│B│    0    │          #links            │
├──────┴─┴─┴───────────┴────────────────────────────┤
│                    Link ID                        │
├───────────────────────────────────────────────────┤
│                   Link data                       │
├──────────┬───────────┬────────────────────────────┤
│   Type   │   #TOS    │          metric            │
├──────────┴───────────┴────────────────────────────┤
│                     ……                            │
├──────────┬────────────────────┬───────────────────┤
│   TOS    │         0          │    TOS metric     │
├──────────┴────────────────────┴───────────────────┤
│                    Link ID                        │
├───────────────────────────────────────────────────┤
│                   Link data                       │
├───────────────────────────────────────────────────┤
│                     ……                            │
└───────────────────────────────────────────────────┘
```

图 5-19

- Link State ID：产生此 LSA 的路由器的 Router ID。
- V（Virtual Link）：如果产生此 LSA 的路由器是虚连接的端点，则置为 1。
- E（External）：如果产生此 LSA 的路由器是 ASBR，则置为 1。
- B（Border）：如果产生此 LSA 的路由器是 ABR，则置为 1。
- # links：LSA 中所描述的链路信息的数量，包括路由器上处于某区域中的所有链路和接口数量。
- Link ID：链路标识，具体的数值根据链路类型而定。具体对应关系见表 5-1。

表 5-1

链路类型	链路 ID 字段值
1（点到点连接到另一台路由器）	邻居路由器的路由器 ID
2（连接到一个传送网络）	DR 路由器的接口 IP 地址
3（连接到一个末梢网络）	IP 网络或子网地址
4（虚链路）	邻居路由器的路由器 ID

- Link Data：链路数据，具体的数值根据链路类型而定。具体对应关系见表 5-2。

表 5-2

链路类型	链路 ID 字段值
1（点到点连接到另一台路由器）	和网络相连的始发路由器接口的 IP 地址
2（连接到一个传送网络）	和网络相连的始发路由器接口的 IP 地址
3（连接到一个末梢网络）	网络的 IP 地址或子网掩码
4（虚链路）	始发路由器接口的 MIB-II ifIndex 值

有两种类型的点到点链路：有编号的（numbered）和无编号的（unnumbered）。如果是有编号的点到点链路，则链路数据字段含有与邻居相连的接口地址。如果是无编号链路，则链路数据字段含有 MIBII ifIndex 值，它是一个与每个接口相关的唯一的值。它的值通常从 0 开始。

- Type：链路类型，取值为 1 表示通过点对点链路与另一路由器相连，取值为 2 表示连接到传送网络，取值为 3 表示连接到 Stub 网络，取值为 4 表示虚连接。
- #TOS：TOS 号，为列出的链路指定服务类型度量的编号。虽然在 RFC2328 中已经不再支持 TOS，但为了向前兼容早期的 OSPF，仍旧保留这个字段。如果没有 TOS 度量和一条链路相关联，那么该字段设置为 0x00。
- metric：链路的开销（代价）。
- TOS：服务类型。与 IP 头的 TOS 字段相对应，具体对应关系见表 5-3。

表 5-3

服务类型	IP 头部 TOS 字段	OSPF 的 TOS 编码
正常服务	0000	0
最小的成本代价	0001	2
最大的可靠性	0010	4
最大的吞吐量	0100	8
最小的时延	1000	16

- TOS metric：指定服务类型的链路的开销（代价）。

2. Network LSA

Network LSA 由广播网或 NBMA 网络中的 DR 发出，LSA 中记录了这一网段上所有路由器的 Router ID。

Network LSA 报文格式如图 5-20 所示。主要字段的解释如下：

- Link State ID：DR 的 IP 地址。
- Network Mask：广播网或 NBMA 网络地址的掩码。
- Attached Router：连接在同一个网段上的所有与 DR 形成了邻接关系的路由器的 Router ID，也包括 DR 自身的 Router ID。

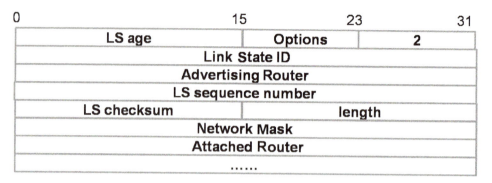

图 5-20

3. Summary LSA

Network Summary LSA（Type3 LSA）和 ASBR Summary LSA（Type4 LSA）除 Link State ID 字段有所不同外，有着相同的格式，它们都是由 ABR 产生。Summary LSA 报文格式如图 5-21 所示。主要字段的解释如下：

0		15	23	31
LS age			Options	3or4
Link State ID				
Advertising Router				
LS sequence number				
LS checksum			length		
Network Mask				
0		metric		
TOS		TOS metric		
……				

图 5-21

- Link State ID：对于 Type3 LSA 来说，它是所通告的区域外的网络地址；对于 Type4 来说，它是所通告区域外的 ASBR 的 Router ID。
- Network Mask：Type3 LSA 的网络地址掩码。对于 Type4 LSA 来说没有意义，设置为 0.0.0.0。
- metric：到目的地址的路由开销。

说明：
Type3 的 LSA 可以用来通告默认路由，此时 Link State ID 和 Network Mask 都设置为 0.0.0.0。

4. AS External LSA

由 ASBR 产生，描述到 AS 外部的路由信息。

AS External LSA 报文格式如图 5-22 所示。主要字段的解释如下：

```
 0                    15         23          31
┌─────────────────────┬──────────┬────────────┐
│      LS age         │  Options │      5     │
├─────────────────────┴──────────┴────────────┤
│              Link State ID                  │
├─────────────────────────────────────────────┤
│            Advertising Router               │
├─────────────────────────────────────────────┤
│            LS sequence number               │
├─────────────────────┬───────────────────────┤
│    LS checksum      │       length          │
├─────────────────────┴───────────────────────┤
│              Network Mask                   │
├───┬─────┬───────────────────────────────────┤
│ E │  0  │            metric                 │
├───┴─────┴───────────────────────────────────┤
│           Forwarding Address                │
├─────────────────────────────────────────────┤
│           External Route tag                │
├───┬─────┬───────────────────────────────────┤
│ E │ TOS │          TOS metric               │
├───┴─────┴───────────────────────────────────┤
│           Forwarding Address                │
├─────────────────────────────────────────────┤
│           External Route Tag                │
├─────────────────────────────────────────────┤
│                  ……                         │
└─────────────────────────────────────────────┘
```

图 5-22

- Link State ID：所要通告的其他外部 AS 的目的地址，如果通告的是一条默认路由，那么链路状态 ID（Link State ID）和网络掩码（Network Mask）字段都将设置为 0.0.0.0。
- Network Mask：所通告的目的地址的掩码。
- E（External Metric）：外部度量值的类型。如果是第 2 类外部路由就设置为 1，如果是第 1 类外部路由则设置为 0。

对于 OE1 的外部路由，成本为外部成本加上分组经过的每一条链路的内部成本，会进行累加，方便路由选择，优于 OE2；对于 OE2 的外部路由，成本总是只包含其外部成本，Metric 值恒为 20，默认为 OE2。当 OE1 与 OE2 产生冲撞时，OE1 会优于 OE2，网络将选择 OE1。

还有两类 ON1 和 ON2，它们是由非完全末梢区域的 ASBR 产生的，它们的区别与 OE1 和 OE2 相同。

- metirc：路由开销。
- Forwarding Address：到所通告的目的地址的报文将被转发到的地址（相当于下一跳）。
- External Route Tag：添加到外部路由的标记。OSPF 本身并不使用这个字段，它可以用来对外部路由进行管理。

后面的 TOS 字段也可以和某个目的地址相关联，这些字段和前面讲述的 TOS 是相同的，只是每一个 TOS 度量都有自己的 E 位、转发地址和外部路由标志。

5. NSSA External LSA

由 NSSA 区域内的 ASBR 产生，且只能在 NSSA 区域内传播。其格式与 AS External LSA 相同，如图 5-23 所示。

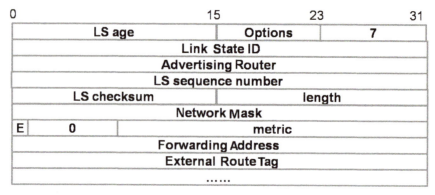

图 5-23

关于其转发地址，如果通告的网络在一台 NSSA ASBR 路由器和邻接的自治系统之间是作为一条内部路由通告的，那么这个转发地址就是这个网络的下一跳地址。如果网络不是作为一条内部路由通告的，那么这个地址将是 NSSA ASBR 路由器的 ID。

5.2.6 OSPF 域的几种类型

1. 骨干区域与虚连接

骨干区域负责区域之间的路由，非骨干区域之间的路由信息必须通过骨干区域来转发。对此，OSPF 有两个规定：

1）所有非骨干区域必须与骨干区域保持连通。
2）骨干区域自身也必须保持连通。

但在实际应用中，可能会因为各方面条件的限制，无法满足这个要求。这时可以通过配置 OSPF 虚连接（Virtual Link）来解决。

虚连接是指在两台 ABR 之间通过一个非骨干区域而建立的一条逻辑上的连接通道。它的两端必须是 ABR，而且必须在两端同时配置方可生效。为虚连接两端提供一条非骨干区域内部路由的区域称为传输区（Transit Area）（注意区别前面讲过的传输网络）。

如图 5-24 所示，Area2 与骨干区域之间没有直接相连的物理链路，但可以在 ABR 上配置虚连接，使 Area2 通过一条逻辑链路与骨干区域保持连通。

图 5-24

虚连接的另外一个应用是提供冗余的备份链路，当骨干区域因链路故障不能保持连通时，通过虚连接仍然可以保证骨干区域在逻辑上的连通性如图 5-25 所示。

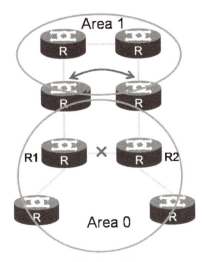

图 5-25

虚连接相当于在两个 ABR 之间形成了一个点到点的连接，因此，在这个连接上，和物理接口一样可以配置接口的各参数，如发送 Hello 报文间隔等。

两台 ABR 之间直接传递 OSPF 报文信息，它们之间的 OSPF 路由器只起到转发报文的作用。由于协议报文的目的地址不是中间的这些路由器，所以这些报文对于它们而言是透明的，只是当作普通的 IP 报文来转发。

2. 完全末梢区域

Stub（末梢）区域是一些特定的区域，Stub 区域的 ABR 不允许传递 Type5 LSA（AS External LSA）（就是来自本 AS 外部的路由信息），在这些区域中路由器的路由表规模以及路由信息传递的数量都会大大减少。

为了进一步减少 Stub 区域中路由器的路由表规模以及路由信息传递的数量，可以将该区域配置为 Totally Stub（完全末梢）区域，该区域的 ABR 不会将区域间的路由信息（Type 3&Type 4）和外部路由信息（Type 5）传递到本区域。

Totally Stub 区域是一种可选的配置属性，但并不是每个区域都符合配置的条件。通常来说，Totally Stub 区域位于自治系统的边界，并且没有其他自治系统通过这个边界区域接入本 AS。

为保证到本自治系统的其他区域或者自治系统外的路由依旧可达，末梢区域的 ABR 将生成一条默认路由，并发布给本区域中的其他非 ABR 路由器。

配置 Totally Stub 区域时需要注意下列几点：

1）骨干区域不能配置成 Totally Stub 区域。

2）如果要将一个区域配置成 Totally Stub 区域，则该区域中的所有路由器必须都要配置 stub [no-summary] 命令。

3）Totally Stub 区域内不能存在 ASBR，即自治系统外部的路由不能在本区域内传播。

4）虚连接不能穿过 Totally Stub 区域。

3. 非完全末梢区域

NSSA（Not-So-Stubby Area，非完全末梢区域）是 Stub 区域的变形，与 Stub 区域有许

多相似的地方。NSSA 区域也不允许 Type5 LSA 注入，但可以允许 Type7 LSA 注入。Type7 LSA 由 NSSA 区域的 ASBR 产生，在 NSSA 区域内传播。当 Type7 LSA 到达 NSSA 的 ABR 时，由 ABR 将 Type7 LSA 转换成 Type5 LSA，传播到其他区域。

运行 OSPF 协议的自治系统包括 3 个区域：区域 1、区域 2 和区域 0，另外两个自治系统运行 RIP，如图 5-26 所示。区域 1 被定义为 NSSA 区域，区域 1 接收的 RIP 路由传播到 NSSA ASBR 后，由 NSSA ASBR 产生 Type7 LSA 在区域 1 内传播，当 Type7 LSA 到达 NSSA ABR 后，转换成 Type5 LSA 传播到区域 0 和区域 2。

另一方面，运行 RIP 自治系统的 RIP 路由通过区域 2 的 ASBR 产生 Type5 LSA 在 OSPF 自治系统中传播。但由于区域 1 是 NSSA 区域，所以 Type5 LSA 不会到达区域 1。

与 Stub 区域一样，虚连接也不能穿过 NSSA 区域。

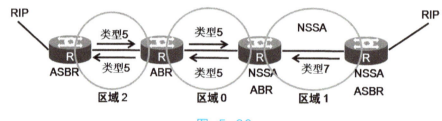

图 5-26

5.2.7 路由的类型

OSPF 将路由分为 4 类，按照优先级从高到低的顺序依次为：
1）区域内路由（Intra Area–I O）。
2）区域间路由（Inter Area–IA O）。
3）第一类外部路由（Type1 External–OE1）。
4）第二类外部路由（Type2 External–OE2）。

区域内和区域间路由描述的是 AS 内部的网络结构，外部路由则描述了应该如何选择到 AS 以外目的地址的路由。OSPF 将引入的 AS 外部路由分为两类：Type1 和 Type2。

第一类外部路由是指接收的是 IGP（Interior Gateway Protocol，内部网关协议）路由（如静态路由和 RIP 路由）。由于这类路由的可信程度较高，并且和 OSPF 自身路由的开销具有可比性，所以到第一类外部路由的开销等于本路由器到相应的 ASBR 的开销与 ASBR 到该路由目的地址的开销之和。

第二类外部路由是指接收的是 EGP（Exterior Gateway Protocol，外部网关协议）路由。由于这类路由的可信度比较低，所以 OSPF 协议认为从 ASBR 到自治系统之外的开销远远大于在自治系统之内到达 ASBR 的开销。所以计算路由开销时将主要考虑前者，即到第二类外部路由的开销等于 ASBR 到该路由目的地址的开销。如果计算出开销值相等的两条路由，就再考虑本路由器到相应的 ASBR 的开销。

5.3 OSPF 路由协议实训：配置路由器 OSPF 路由协议

1. 实训说明

本实训要求掌握 OSPF 路由协议的基础配置操作，能够部署简单的 OSPF 多区域网络。

第 5 章 OSPF 路由协议

基本配置任务包括：
1）配置接口的网络层地址，使各相邻节点网络层可达。
2）所有的路由器都运行 OSPF 并合理地划分区域。
3）配置 OSPF 区域所包含的网段，使能 OSPF。

2. 实训步骤

（1）华为厂商设备配置

第一步：在 eNSP 模拟器中添加路由器和计算机，连接后启动所有设备并配置计算机的 IP 地址和网关，如图 5-27 所示。

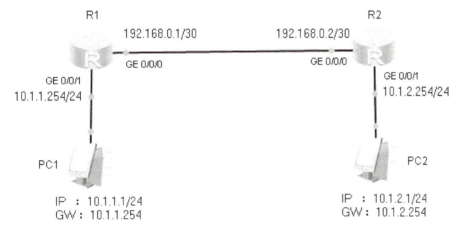

图 5-27

第二步：配置各路由器接口的 IP 地址。
配置 R1
<Huawei>system-view
[Huawei]sysname R1
[R1]interface GigabitEthernet0/0/1
[R1-GigabitEthernet0/0/1]ip address 10.1.1.254 24
[R1-GigabitEthernet0/0/1]quit
[R1]interface GigabitEthernet0/0/0
[R1-GigabitEthernet0/0/0]ip address 192.168.0.1 30
配置 R2
<Huawei>system-view
[Huawei]sysname R2
[R2]interface GigabitEthernet0/0/1
[R2-GigabitEthernet0/0/1]ip address 10.1.2.254 24
[R2-GigabitEthernet0/0/1]quit
[R2]interface GigabitEthernet0/0/0
[R2-GigabitEthernet0/0/0]ip address 192.168.0.2 30

第三步：配置 OSPF 基本功能。
配置 R1
[R1]router id 1.1.1.1
[R1]ospf
[R1-ospf-1]area 0

[R1-ospf-1-area-0.0.0.0]network 192.168.0.0 0.0.0.3
[R1-ospf-1-area-0.0.0.0]network 10.1.1.0 0.0.0.255
配置 R2
[R2]router id 2.2.2.2
[R2]ospf
[R2-ospf-1]area 0
[R2-ospf-1-area-0.0.0.0]network 192.168.0.0 0.0.0.3
[R2-ospf-1-area-0.0.0.0]network 10.1.2.0 0.0.0.255

第四步：验证配置结果，如图 5-28~图 5-30 所示。

查看路由器的 OSPF 邻居：

```
[R1]display ospf peer

        OSPF Process 1 with Router ID 1.1.1.1
            Neighbors

 Area 0.0.0.0 interface 192.168.0.1(GigabitEthernet0/0/0)'s neighbors
 Router ID: 2.2.2.2          Address: 192.168.0.2
   State: Full  Mode:Nbr is  Master  Priority: 1
   DR: 192.168.0.1  BDR: 192.168.0.2  MTU: 0
   Dead timer due in 31  sec
   Retrans timer interval: 5
   Neighbor is up for 00:01:47
   Authentication Sequence: [ 0 ]
```

图 5-28

查看路由器的 LSDB：

```
[R1]display ospf lsdb

        OSPF Process 1 with Router ID 1.1.1.1
             Link State Database

                  Area: 0.0.0.0
 Type       LinkState ID      AdvRouter         Age    Len   Sequence    Metric
 Router     2.2.2.2           2.2.2.2           166    48    80000005    1
 Router     1.1.1.1           1.1.1.1           193    48    80000006    1
 Network    192.168.0.1       1.1.1.1           194    32    80000002    0
```

图 5-29

查看路由器的路由表：

```
[R1]display ip routing-table
Route Flags: R - relay, D - download to fib
------------------------------------------------------------------
Routing Tables: Public
         Destinations : 7        Routes : 7

Destination/Mask    Proto   Pre  Cost      Flags NextHop         Interface

      10.1.1.0/24   Direct  0    0           D   10.1.1.254      GigabitEthernet0/0/1
    10.1.1.254/32   Direct  0    0           D   127.0.0.1       GigabitEthernet0/0/1
      10.1.2.0/24   OSPF    10   2           D   192.168.0.2     GigabitEthernet0/0/0
     127.0.0.0/8    Direct  0    0           D   127.0.0.1       InLoopBack0
     127.0.0.1/32   Direct  0    0           D   127.0.0.1       InLoopBack0
    192.168.0.0/30  Direct  0    0           D   192.168.0.1     GigabitEthernet0/0/0
    192.168.0.1/32  Direct  0    0           D   127.0.0.1       GigabitEthernet0/0/0
```

图 5-30

第五步：在 PC1 上使用 tracert 命令进行连通性测试并查看经过的路由，如图 5-31 所示。

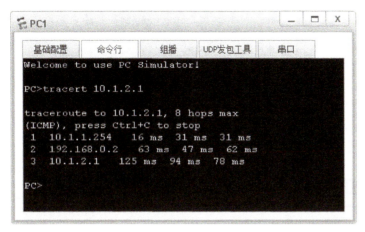

图 5-31

（2）思科、中兴、DCN、锐捷等厂商设备配置
第一步：按照图 5-27 连接好设备。
第二步：配置各路由器接口的 IP 地址。
R1：
HOSTNAME_R1#configure terminal　　　　// 进入全局配置模式
HOSTNAME_R1（config）#interface Gei_0/1　　// 进入端口配置模式
HOSTNAME_R1（config-if）#ip adderss 10.1.1.254 255.255.255.255 // 配置端口地址
HOSTNAME_R1（config-if）#exit　　　　// 退回全局配置模式
HOSTNAME_R1（config）#interface Gei_1/1　　// 进入端口配置模式
HOSTNAME_R1（config-if）#ip adderss 192.168.0.1 255.255.255.252 // 将和 R2 连接的端口配上 ip 地址
HOSTNAME_R1（config-if）#exit　　　　// 退回全局配置模式
第三步：配置 OSPF 协议。
HOSTNAME_R1（config）#router ospf 10　　// 进入 OSPF 路由配置模式，进程号为 10
HOSTNAME_R1（config-router）#router-id 10.1.1.1　　// 配置 R1 的 router-id
HOSTNAME_R1（config-router）#network 192.168.1.0 0.0.0.3 area 0　// 将和 R2 连接的端口（可以是端口地址或网段）加入 OSPF 骨干域 area 0，骨干域为 OSPF 中必须的
HOSTNAME_R1（config-router）# network 10.1.1.0 0.0.0.255 area0
R2 和 R1 配置类似，注意相应端口 IP 地址的变化。
第四步：验证配置结果
HOSTNAME_R1# show ip ospf neigh　// 查看路由器邻居
HOSTNAME_R1# show ip route　　// 查看路由表

3. 拓展练习

1）参考 3 种以上不同网络设备厂商的产品配置手册，练习不同厂商的路由器 OSPF 路由协议配置。

2）在路由器配置 OSPF 路由协议以后，运用 Wireshark 监听并对照基础知识分析 OSPF 报文数据结构。

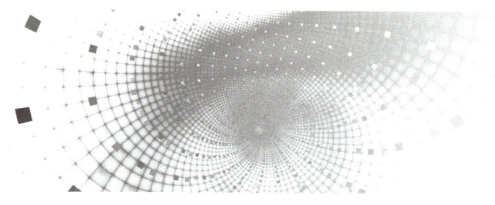

第6章 边界网关协议

学习目标：

广域网的网络安全管理与维护是高级网络安全工程师的重要职责，而边界网关协议（Border Gateway Protocol，BGP）在广域网中有广泛的应用。本章将帮助读者了解 BGP 的基本原理，使读者能够阅读或完成简单的 BGP 路由配置，分析和理解广域网路由。

6.1 BGP 介绍

6.1.1 自治系统及 BGP

路由协议可以被分成内部网关协议和外部网关协议两大类。内部网关协议（Interior Gateway Protocol，IGP）只作用于本地 AS（自治系统）内部，而对其他 AS 一无所知。它负责将数据包发送到主机所在的网段。而 EGP 作用在各 AS 之间，它只了解 AS 的整体结构，而不了解各个 AS 内部的拓扑结构。它只负责将数据包发送到相应的 AS 中，余下的工作便交给 IGP 来做。

外部网关协议（Exterior Gateway Protocol，EGP）定义为在多个自治系统之间使用的路由协议。它主要完成数据包在 AS 间的路由选择，或者讲述数据包为了到达目的 IP 所要通过的 AS、BGP4。

BGP 是在 EGP 应用的基础上发展起来的。EGP 曾作为自治系统间的路由发现协议，广泛应用于 NFSNet 等主干网络上。但是，EGP 被路由环路问题所困扰。BGP 通过在路由信息中增加自治系统路径的属性来构造自治系统的拓扑图，从而消除路由环路并实施用户配置的策略。另一个问题是，随着 Internet 的飞速发展，路由表的体积也迅速增加，自治系统间路由信息的交换量越来越大，影响了网络的性能。BGP 支持无类别的区域间路由 CIDR（Classless Inter-Domain Routing），可以有效地减少日益增大的路由表。

BGP 可以降低带宽需求，这是因为路由选择信息是增量交换的，而不是在路由器间发送路由选择数据库信息。BGP 也提供了基于策略的算法，使网络管理者对路由选择有较多的控制权。例如，对某些信息传输实行优化，如图 6-1 所示。

第6章 边界网关协议

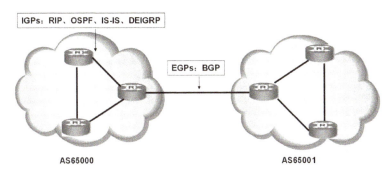

图 6-1

典型的几种路由协议关键特性的比较见表6-1。

表 6-1

协议	内部或外部	算法	体系化	度量值
OSPF	内部	链路状态	是	开销
RIP	内部	距离矢量	否	跳数
BGP	外部	高级距离矢量	是	属性

每个自治系统都有唯一的标识，称为 AS 号码（AS Number），由 IANA（Internet Assigned Numbers Authority）来授权分配。这是一个16bit的二进制数，范围为1~65 535，其中 65 412~65 535 为 AS 专用组（RFC2270）。

在自治系统边界的路由器（以前在 Internet 上被称为网关）和其他路由器使用外部网关协议或边界网关协议（EGP 或 BGP）交换信息。

BGP 经历了不同的阶段，从1989年的最早版本 BGP1，发展到了1993年开发的最新版本 BGP4。BGP 没有对互联网拓扑添加任何限制，它假定自治系统内部的路由已经通过自治系统内的路由协议完成了。基于在 BGP 相邻体之间交换的信息，BGP 构造了一个自治系统图（或称为树）。对 BGP 而言，整个互联网就是一个 AS 图，每个 AS 用 AS 号码来识别，两个 AS 之间的连接形成一个路径，路径信息最终汇集成到达特定目的地的路由。

BGP 也是一种距离矢量协议，其路由表包含已知路由器的列表、路由器能够达到的地址以及到达每台路由器的路径的跳数。但是比起 RIP 等典型的距离矢量协议，又有很多增强的性能。

BGP 的信息传输使用传输控制协议（TCP），使用端口号179进行封装识别。在通信时，BGP 要先建立 TCP 会话，这样数据传输的可靠性就由 TCP 来保证，而在 BGP 中就不再使用差错控制和重传的机制，从而降低了复杂程度。另外，BGP 使用增量的、触发性的路由更新，而不是一般距离矢量协议的整个路由表、周期性的更新，这样节省了更新所占用的带宽。BGP 还使用"保留"信号（Keepalive）来监视 TCP 会话的连接。而且，BGP 还有多种衡量路由路径的度量标准（称为路由属性），可以更加准确地判断出最优的路径。

与传统的内部路由协议相比，BGP 还有一个特性，就是 BGP 路由器之间可以被未使用 BGP 的路由器隔开。这是因为 BGP 在独立的内部路由协议上工作，所以通过 BGP 会话连接的路由器能被多个运行内部路由协议的路由器分开。

BGP 的特点包括：1）增量更新；2）基于连接的可靠的更新；3）使用属性而非度量值；4）复杂的路径选择进程；5）不以最快的路径为最优；6）为巨大型网络所设计；7）为所有已知路径创建转发数据库；8）从转发数据库中寻找最优路径。

6.1.2 BGP 的工作原理

BGP 的工作流程如下：

1）首先，在要建立 BGP 会话的路由器之间建立 TCP 会话连接，然后通过交换 Open 信息来确定连接参数，如运行版本等。

2）建立对等体连接关系后，最开始的路由信息交换将包括所有的 BGP 路由，也就是交换 BGP 表中所有的条目。

3）初始化交换完成以后，只有当路由条目发生改变或者失效的时候，才会发出增量的、触发性的路由更新。所谓增量，就是指并不交换整个 BGP 表，而只更新发生变化的路由条目；而触发性，则是指只有在路由表发生变化时才更新路由信息，而并不发出周期性的路由更新。比起传统的全路由表的定期更新，这种增量触发的更新大大节省了带宽。

4）路由更新都是由 Update 消息来完成。Update 包含了发送者可到达的目的列表和路由属性。当没有路由更新传送时，BGP 会话用 Keepalive 消息来验证连接的可用性。由于 Keepalive 包很小，这也可以大量节省带宽。在协商发生错误时，BGP 会向双方发送 Notification 消息来通知错误。

BGP 是用来在自治系统之间传递路由信息的路由矢量协议。路由矢量即 BGP 路由信息所带有的一个 AS 号码的序列，它指出一条路由已通过的路径。

两个 BGP 路由器相互间构成传送协议的连接，这两个路由器就称为相邻体或对等体，如图 6-2 所示。对等路由器交换多种报文以开放并确认连接参数，例如，两个对等体间运行的版本，BGP3 就是第 3 版，BGP4 就是第 4 版。如果对等体之间出现不一致，就会发送差错通知，这个对等体连接就不会建立。

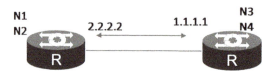

图 6-2

对等体建立之初，所有候选路由都被交换，如图 6-3 所示。当网络信息改变时，就发送增量的更新。就 CPU 开销以及带宽分配而言，增量更新的方法有很大的改进。

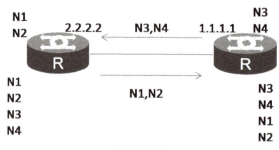

图 6-3

在一对 BGP 路由器之间，路由以 Update 报文通告。Update 报文中包括一个〈长度，前缀〉数组的列表，它表示通过每个系统可到达的目的地的列表。Update 报文还包括路径属性，如某个特定路由的优先级的信息。

如果信息改变了（如一个路由难以到达或有了更多的路径），BGP 就会通过撤销无效路由而注入新的路由信息来告知它的对等体，如图 6-4 所示，撤销的路由是 Update 报文的一部分，它们是不能再供使用的路由。

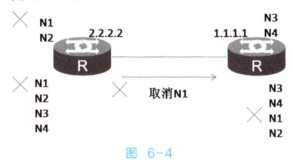

图 6-4

稳定状态的情形如图 6-5 所示。如果没有发生路由改变，路由器就只交换 Keepalive 数据包。

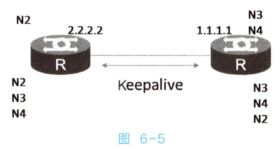

图 6-5

Keepalive 报文在 BGP 对等体之间周期地发送，以确保连接保持有效。Keepalive 数据包（每个数据包 19 Byte）不会导致路由器 CPU 或链路带宽的紧张，因为它们只占用很小的带宽（大约 2.5bit/s，默认 60s 一个周期）。

BGP 保存了一个路由表的版本号，以便跟踪 BGP 路由表的情况。如果路由表改变了，BGP 就增加路由表的版本。路由表版本的迅速增加通常表示网络的不稳定。

6.1.3 无类别域间路由

无类别域间路由（Classless Inter-Domain Routing，CIDR）是一个在 Internet 上创建附加地址的方法（这些地址并不真的分配给具体的主机和服务器，它们只用来表明一个网络区域在 Internet 上的位置），这些地址提供给服务提供商（ISP），再由 ISP 分配给客户。CIDR 将路由集中起来，使一个 IP 地址代表主要骨干提供商服务的几千个 IP 地址，从而减轻 Internet 路由器的负担。所有发送到这些地址所表示的范围的信息包都被送到各个 ISP。

CIDR 对原来用于分配 A 类、B 类和 C 类地址的有类别路由选择进程进行了重新构建。CIDR 用 13~27bit 的前缀取代了原来地址结构对地址网络部分的限制（3 类地址的网络部分分别被限制为 8bit、16bit 和 24bit）。在管理员能分配的地址块中，主机数量范围是 32~500 000，从而能更好地满足机构对地址的特殊需求。

CIDR 地址中包含标准的 32bit IP 地址和有关网络前缀位数的信息。以 CIDR 地址

222.80.18.18/25 为例，其中"/25"表示其地址中的前25bit代表网络部分，其余代表主机部分。

  CIDR建立于超级组网的基础上，超级组网是子网划分的派生词，可看成子网划分的逆过程。子网划分时，从地址主机部分借位，将其合并进网络部分；而在超级组网中，则是将网络部分的某些位合并进主机部分。这种无类别超级组网技术通过将一组较小的无类别网络汇聚为一个较大的单一路由表项，减少了Internet路由域中路由表条目的数量。

  简单理解，CIDR和子网划分方法都是要打破有类网络的界限，只不过CIDR向地址的高位借主机位，而子网划分时向地址的低位借网络位，CIDR扩充的是每个网络的主机数量，子网划分扩充的是网络的数量。

  在使用如BGP这样的自治系统间的协议时，经常需要使用将网络号尽量减少的方式来构建寻址过程，因此，CIDR在BGP中的使用较多。

6.2 BGP的使用

  BGP-4是典型的外部网关协议，可以说是现行网络中的自治系统间寻址实施的标准。它完成了在自治系统间的路由选择。可以说，BGP是现代整个Internet的支架。

  但并不是所有情况下BGP都适用。使用BGP会大大增加路由器的开销，并且大大增加规划和配置的复杂性。所以，使用BGP需要先做好需求分析。

  一般来说，如果本地的AS与多个外界AS建立了连接，并且有数据流从外部AS通过本地AS到达第三方的AS，那么可以考虑使用BGP来控制数据流。也就是说，如果一个AS处于传递信息的位置，那么就需要为它配置BGP了。

  当一个AS是多出口的，并且数据应该受控地从各个不同的出口传递出去，那么就应该使用BGP。此外，当BGP的使用效果可以被很好地理解时，也可以使用BGP。

  另一方面，当AS只有一个出口时，通常可以简单地使用静态路由（Static Route）而不是BGP来完成与外部AS的数据交换。使用BGP会加大路由器的开销，并且BGP路由表也需要很大的存储空间，如果配置不当，很容易引起路由错误而影响整体的连通性，所以当路由器的CPU或存储空间有限或者带宽太小时，不宜使用BGP。

6.3 BGP的术语和属性

6.3.1 BGP消息类型和数据格式

  BGP报文的封装格式如图6-6所示。BGP是封装在TCP的179端口上的。

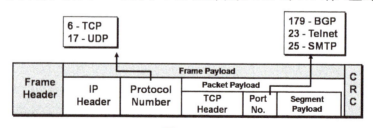

图 6-6

  BGP消息有4种类型：Open，Update，Notification和Keepalive，分别用于建立BGP连接、更新路由信息、差错控制和检测可到达性。

Open 消息是在建立 TCP 连接后，向对方发出的第一条消息，它包括版本号、各自所在 AS 的号码（AS Number）、BGP 标识符（BGP Identifier）、协议参数、会话保持时间（Hold Timer）、可选参数以及可选参数长度。其中，BGP 标识符用来标识本地路由器，在连接的所有路由器中应该是唯一的。这个标识符一般都使用可用接口上的最大 IP 地址（通常使用 Loopback 接口来防止地址失效）。

会话保持时间，是指在收到相继的 Keepalive 或者 Update 信号之间的最大间隔时间。如果超过这个时间路由器仍然没有收到信号，就会认为对应的连接中断了。如果把这个保持时间的值设为 0，那么表示连接永远存在。

Update 消息由不可到达路由（Withdrawn Route）、路由属性（Route Attributes）和网络层可到达性信息（Network Layer Reachability Information，NLRI）组成。

下面具体介绍 BGP 报文格式。

1. 消息头结构

所有 4 种类型的 BGP 报文均使用一种通用的报文格式，该格式包含 3 个固定的首部字段即标记、长度和类型，以及留给报文体的、其内容对每种报文类型而言均不相同的一段空间。

BGP 报头格式是由一个 16Byte 的标记字段、2Byte 的长度字段和 1Byte 的类型字段构成，如图 6-7 所示。

- Marker（标记）：16Byte，鉴权信息、标记信息，用于同步和鉴别。
- Length（长度）：2Byte 消息的长度，表示整个 BGP 报文（包括报头）的长度。最短的 BGP 报文不会小于 19Byte（16+2+1 结构的 Keepalive 报文），最大的不会大于 4 096Byte。
- Type（类型）：1Byte，消息的类型。

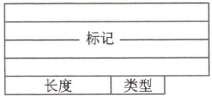

图 6-7

标记字段可以用来鉴别进入的 BGP 报文或者检测两个 BGP 对等体间同步的丢失。标记字段可有两种格式，如果报文类型是 Open 并且这个 Open 报文没有鉴别信息，那么标记字段必须全为 1；否则，标记字段会基于所使用的鉴别技术的一部分被计算。

标记字段是 BGP 报文格式中最有意思的一个字段，它同时用于同步和鉴别。BGP 使用单个 TCP 会话连续地发送多个报文，而 TCP 是一种面向流的传输协议，它只管在链路上发送字节，却完全不了解这些字节的含义，这就意味着使用 TCP 需要决定在何处划定数据单元（在这里是指 BGP 报文）之间的界限。

正常情况下，长度字段可以告诉 BGP 设备在何处划定一个报文结束和下一个报文开始之间的界限。但是，由于各种意想不到的情况，设备有可能会失去对报文边界的跟踪。标记字段使用一种可识别的模式来填充，该模式可以清楚地标记每个报文的开始，而 BGP 对等方就通过查找这种模式来保持同步。

在 BGP 连接创建以前，标记字段填充全为 1，这就成为用于打开报文的模式。一旦

BGP 会话协商成功，如果两台设备之间就某种鉴别方法达成一致，则标记字段还将担负起鉴别的角色。此时 BGP 设备不再查找包含全 1 的标记字段，而是查找使用商定的鉴别方法产生的模式。对这种模式的检测既同步了设备又确保报文是可信的。

在极端情况下，BGP 对等方可能无法保持同步。如果出现这种情况，将产生通知报文并关闭会话。如果启用了鉴别方法，那么标记字段包含错误的数据也会产生通知报文并关闭会话。

报头后面有没有数据部分都可以，这要依据报文的类型而定，例如，Keepalive 报文只有报文报头，没有数据。

2.Open 消息结构

在能够使用 BGP 会话交换路由信息之前，首先必须在 BGP 对等方之间创建一条 TCP 连接。此过程初始要在设备之间创建一条 TCP 连接，一旦连接建立，BGP 设备就会尝试着通过交换 BGP 打开（Open）报文来创建 BGP 会话。

Open 报文主要有两个作用：第一是标识和启动两台设备之间的链接，它使一个 BGP 对等方能够告诉另一个 BGP 对等方"我是一个位于 AS Y 上的名为 X 的 BGP 路由器，我希望和你开始交换 BGP 信息，我有如下的 BGP 会话所遵循的条款"。使用 Open 报文协商的一个重要参数是设备希望使用的鉴别方法，为防止错误的信息或怀有恶意的人破坏路由，必须进行鉴别。

每台收到 Open 报文的 BGP 设备都必须处理该报文。如果报文的内容是可接受的（包括了另一台设备希望使用的参数），则它将用一个保活（Keepalive）报文作为确认来予以响应。为使 BGP 链接初始化，每个对等方都必须发送一个 Open 报文并接受一个 Keepalive 报文确认。如果任何一方不愿意接受 Open 报文中的条款，则链接将不会创建，在这种情况下，可能会发送一个通知（Notification）报文来传递问题的性质。

消息头加如图 6-8 所示结构即构成了 Open（打开）消息结构。

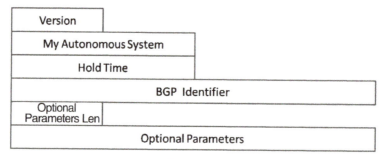

图 6-8

- Version：1Byte，指示 Open 报文发送方正在使用的 BGP 版本。这个字段使设备能够拒绝与那些使用它们无法兼容版本的设备建立连接。该字段当前值为 4，代表 BGP-4，用于大多数（也许不是全部）当前的 BGP。

- My Autonomous System：2Byte 无符号整数，本地 AS 号，表示发送方的 AS 号码。AS 号码是互联网集中管理的，其管理方式类似于 IP 地址的管理方式。

- Hold Time：2Byte 无符号整数，发送端建议的保持时间，它指定了在相邻两次接收 BGP 报文之间 BGP 对等方允许连接保持静默的时间。一般情况下两台设备会同意使用双方建议中较小的那个值。该值为 0 表明不使用保持定时器；否则，该值至少为 3s。

• BGP Identifier：4Byte，发送端的路由器标识符，标识具体的 BGP 路由器。IP 地址是与接口而不是设备相关联的，因此每台路由器至少有 2 个 IP 地址。通常情况下，其中一个地址被选择作为 BGP 标识。一旦选定，这个标识就将用于和 BGP 对等方的所有 BGP 通信，不仅包括其地址被选作标识的接口上的 BGP 对等方，还包括其他接口上的 BGP 对等方。因此，如果一个 BGP 路由器有两个接口，地址分别是 IP1 和 IP2，则它将选择其中一个地址作为自己的标识并把这个标识同时用于两个接口所在的网络中。

• Optional Parameters Len：1Byte。可选参数的长度，如果为 0，则说明该报文不包含可选参数。

• Optional Parameters：变长，可选的参数，使双方设备能够在 BGP 会话建立期间利用打开报文交流任意数量的附加参数。每个参数都使用标准的〈类型，长度，值〉三元组编码。

① 参数类型 1：该可选参数的类型。目前，只定义了一个用于鉴别信息的数值 1。
② 参数长度 1：指明参数值子字段的长度（因此，该值是整个参数的长度减 2）。
③ 参数值：可变，正在传递的参数的值。

当前，BGP 打开报文仅使用一个可选参数，就是鉴别信息。其参数值子字段包含一个 1Byte 长的鉴别码子字段，指明设备希望使用的鉴别类型；紧随其后的是一个长度可变的鉴别数据子字段。鉴别码指明如何执行鉴别，包括鉴别数据字段的含义以及将来标记字段的计算方式。

3. Keepalive 消息结构

当使用打开报文创建了一条 BGP 连接时，BGP 对等方最初会使用更新报文来向彼此发送大量的路由信息。然后它们会安静下来，进入维护 BGP 会话的日常程序，而更新报文只在需要时才发送。由于这些更新对应着路由的变化，而路由变化一般很少发生，因此这意味着在连续两次收到更新报文之间可能会经过很长时间。

（1）BGP 保持定时器和保活报文间隔时间

当 BGP 对等方在等待接收下一个更新报文时，它的处境有点类似于一个人被要求别挂断电话的情况。虽然几秒钟时间对人们而言可能不算太长，但是对一台计算机而言却是相当长的时间。与人类似，被要求等待了很长时间的 BGP 路由器可能会变得不耐烦，并可能会开始怀疑对方是不是已经挂断了电话。计算机不会因为被要求等待而生气，但是它们可能会怀疑是否出现了什么问题而导致连接中断。

为了搞清楚自己已经等待了多长时间，每台 BGP 设备均维护一个专门的保持定时器。每次它的对等方发送一个 BGP 报文，就将这个保持定时器设置为初始值，然后定时器开始递减计数，直到接收到下一个报文，再将定时器重置。如果保持定时器过期，就认为连接已中断并终止 BGP 会话。

保持定时器的时间长度作为会话设置的一部分使用打开报文协商决定。其时间长度至少为 3s，或者也可以协商为 0。如果为 0，则表示不使用保持定时器，这意味着设备具有无限的耐心，不在乎在连续两次收到报文之间过去了多长时间。

为了确保即使在很长时间都不需要发送更新报文的情况下定时器也不会过期，每个对等方均定期发送 BGP 保活（Keepalive）报文。保活报文发送的频率依赖于具体的实现，但是标准建议以保持定时器时间值的三分之一为间隔发送这些报文。因此，如果保持定时器的值为 3s，则每个对等方就每秒发送一个保活报文（除非在这 1s 里它需要发送其他某些类型的报文)。为防止占用过多带宽,保活报文的发送频率一定不能大于每秒一次,因此 1s 是最小的间隔时间,即使保活定时器短于 3s。

(2)BGP 保活报文的格式

保活报文的意义在于该报文本身没有数据需要传递。事实上,人们希望这种报文简短易用,因此,它实际上是一种只包含 BGP 消息头的哑报文。

保活报文还有一种特殊的用法即在最初的 BGP 会话设置阶段它们用来对有效的打开报文的接收进行确认。

Keepalive 消息只有一个消息头,目的是确定当前对等体状态正常,其报文格式如图 6-9 所示。

图 6-9

4. Notification 消息结构

BGP 会话一经创建,就会在相当长一段时间内保持打开状态,以使设备之间能够定期交换路由信息。在 BGP 运行期间,可能会突然出现某些干扰 BGP 对等方之间正常通信的差错状况。

(1)BGP 通知报文功能

BGP 通知(Notification)报文用于在 BGP 对等方之间报告差错。每个报文包含一个差错码字段,说明出现的问题类型。对于某些差错码字段,还使用一个差错码子字段提供有关问题具体性质的额外细节信息。不管这些字段的名称如何,通知报文还用于其他一些特殊的非差错类型的通信,例如,终止一个 BGP 连接。

有一些差错状况非常严重,以至于 BGP 会话必须终止。当出现这种情况时,检测到差错的设备将向其对等方发送一个 BGP 通知报文来通告问题的性质,然后它将关闭连接。

BGP 通知报文包含大量字段来提供有关引起这个通知报文发送的差错性质的信息,这其中包括一系列基本的错误码,以及某些错误码中的子代码。根据差错的性质,还可能包含一个额外的数据字段来辅助问题诊断。

除了使用通知报文来传达差错的发生之外,这种报文类型还用于其他一些目的。例如,如果两台设备不能就如何协商会话达成一致,也会发送一个通知报文,而这种情况严格来说并不算是差错。此外,通知报文还允许设备出于各种和差错无关的原因而拆除 BGP 会话。

(2)BGP 通知报文格式

BGP 的 Notification 报文格式如图 6-10 所示。

Error Code(差错码):1Byte,说明差错的一般类型。

Error SubCode(差错子码):1Byte,为 3 种差错码值提供了更为具体的差错起因的说明。

数据:可变,包含额外的信息来帮助诊断差错,其含义依赖于差错码和差错子码字段中指明的差错类型。在大多数情况下,该字段使用任一导致差错发生的错误值填充。

第 6 章 边界网关协议

	Error Code			Error SubCode		
错误代码	1	2	3	4	5	6
错误类型	消息头错	Open消息错	Update消息错	保持时间超时	状态机错	退出

图 6-10

BGP 通知报文差错码对应的具体内容如下：

错误代码 1：报文首部错误，检测到 BGP 首部的内容或长度有问题。差错子码字段提供了关于问题性质的更多细节信息。

错误代码 2：打开报文错误，在打开报文的报文体中发现问题。差错子码字段对问题做了更为详细的描述。注意这里还包括鉴别失败或无法就某个参数（如保持时间）达成一致等问题。

错误代码 3：更新报文错误，在更新报文的报文体中发现问题。再次指出，差错子码字段提供了更多信息。很多归入这个差错码下的问题都与在更新报文发送的选路数据或路径属性中检测到的问题有关，因此这些报文向发送不正确数据的设备提供了关于这些问题的反馈。

错误代码 4：保持定时器过期，在保持定时器到期之前没有收到报文。

错误代码 5：有限状态机错误，BGP 有限状态机是指对等方上的 BGP 软件基于事件从一种操作状态转移到另一种操作状态的机制。如果出现了一个对等方当前状态上不期望的事件，则将产生这种错误。

错误代码 6：停止，当 BGP 设备出于某种和其他码值描述的差错状况无一相关的原因而想要断开到一个对等方的连接时，使用此码值。

BGP 通知报文差错子码如下：

① 报文首部错误（差错码 1）：
1：连接不同步，在标记字段中没有发现期望的值，说明连接已经变得不同步。
2：错误报文长度，报文长度小于 19Byte、大于 4096Byte 或是与报文类型期望长度不一致。
3：错误报文类型，报文的类型字段包含一个无效值。

② 打开报文错误（差错码 2）：
1：不支持的版本号，设备不使用其对等方正试图使用的版本号。
2：错误对等方 AS，路由器没有识别出对等方的 AS 号码或者不愿意与其通信。
3：错误 BGP 标识，BGP 标识字段无效。
4：不支持的可选参数，打开报文包含一个可选参数，而报文的接收方不能理解这个参数。
5：鉴别失败，鉴别信息可选参数中的数据无法鉴别。
6：不可接受的保持时间，路由器拒绝打开会话，因为其对等方在打开报文中建议的保持时间不可接受。

③ 更新报文错误（差错码 3）：
1：异常属性列表，报文的路径属性整体结构不正确，或者是某个属性出现了两次。
2：不可识别的周知属性，无法识别某个强制性的周知属性。
3：周知属性缺失，没有指定某个强制性的周知属性。
4：属性标记错误，某个属性的一个标记所设置的值与属性的类型码相冲突。
5：属性长度错误，某个属性的长度不正确。

6：无效 Origin 属性，Origin 属性的值未定义。

7：AS 选路环路，检测到一个选路环路。

8：无效 Next_Hop 属性，Next_Hop 属性无效。

9：可选属性错误，在某个可选属性中检测到一个差错。

10：无效网络字段，网络层可达信息字段不正确。

11：异常 AS_Path，AS_Path 属性不正确。

值得注意的是，没有一种机制报告通知报文自身的差错。这很可能是因为通常在发送通知报文之后连接就会终止。

5. Update 消息结构

一旦 BGP 路由器之间建立了联系并使用打开报文创建了链接，设备就可以开始真正地交换路由信息了。每台 BGP 路由器都使用特定的 BGP 决策过程来选择将要通告给自己对等方的路由，然后把这些路由信息装入 BGP 更新（Update）报文，并将这些报文发送给已与自己建立了会话的每台 BGP 设备。

每个更新报文都包含下面的一项或两项内容：

- 路由通告——单条路由的特性。
- 路由撤销——不再可达网络的列表。

每个更新报文只能通告一条路由，但是可以撤销多条路由。这是因为撤销一条路由十分简单，仅需要说明其路由正在被删除的那个网络的地址。与此相对应的，路由通告要求描述一组相当复杂的路径属性，将占用很大的空间。（注意，一个更新报文可以只说明撤销路由而完全不通告路由。）

由于其包含的信息量以及这些信息的复杂性，BGP 更新报文采用的结构是 TCP/IP 中最为复杂的结构之一。

消息头加如图 6-11 所示结构即构成了 Update 消息。

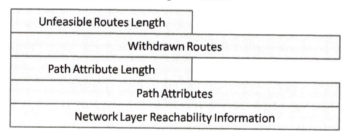

图 6-11

- Unfeasible Routes Length：2Byte 无符号整数，不可达路由长度，以 Byte 计的撤销路由字段的长度。如果为 0，表示没有撤销路由且撤销路由字段省略。

- Withdrawn Routes：变长，退出路由，指明路由被撤销（不再使用）的网络的地址。每个地址使用两个子字段说明：1Byte 长的长度字段是 IP 地址前缀子字段中有效的 bit 数，长度可变的前缀子字段是被撤销路由的网络 IP 地址前缀。如果前缀中的 bit 数不是 8 的整数倍，则用 0 填充该字段从而使其对齐 Byte 边界。如果前面的长度字段小于或等于 8，该字段的长度为 1Byte；如果长度字段在 9 到 16 之间，该字段长 2Byte；如果长度字段在 17 到 24 之间，该字段长 3Byte；如果长度字段等于或大于 25，该字段长 4Byte。

• Path Attribute Length：2Byte 无符号整数，路径属性长，以 Byte 计的路径属性字段的长度。如果为 0，说明该报文不通告任何路由，因此路径属性和网络层可达信息省略。

• Path Attributes：变长，路径属性，描述所通告的路由的路径属性。由于某些属性需要的信息量比其他属性大，因此使用一种灵活的结构对它们进行描述。相对于使用固定字段（经常为空）来说，这种灵活的结构可以最小化报文长度。但是，这样做同时也令字段结构变得难以理解。每个属性均包含后面详细介绍的子字段。

• Network Layer Reachability Information：变长，网络可达信息，包含正在通告的路由的 IP 地址前缀列表。每个地址都使用与撤销路由字段所用相同的通用结构指定。1Byte 长的长度字段是 IP 地址前缀子字段中有效的 bit 数，长度可变的前缀子字段是正通告其路由的网络 IP 地址前缀。同样的，如果前缀中的 bit 数不是 8 的整数倍，则用 0 填充该字段从而使其对齐 Byte 边界。如果前面的长度字段小于或等于 8，该字段的长度为 1Byte；如果长度字段在 9 到 16 之间，该字段长 2Byte；如果长度字段在 17 到 24 之间，该字段长 3Byte；如果长度字段等于或大于 25，该字段长 4Byte。与更新报文中其他大多数字段不同，NLRI 字段的长度没有明确指定，它是从整个报文的长度字段中减去其他明确指定的字段的长度计算得到的。

BGP 连接建立后，如果有路由需要发送则发送 Update 消息通告对端路由信息。Update 消息主要用来通告路由信息，包括失效（退出）路由。Update 消息发布路由时，还要指定此路由的路由属性，用以帮助对端 BGP 选择最佳的路由。需要注意的是，由 Update 消息的格式可以看出每个 Update 消息只可以发布一种路由属性，本地 BGP 如果有路由属性完全相同的路由，则可以由一条 Update 消息发布，否则只能使用不同的 Update 消息发布。

6.3.2 BGP 信息的发布与 BGP 表

BGP 拓扑表又称为 BGP 路由信息库（RIB），其中存放着通过 BGP 学习到的网络层可达性信息（Network Layer Reachability Information, NLRI）以及相应的 PA（路径属性）。一条 NLRI 就是一个 IP 前缀和前缀长度，它包含了 <长度，前缀> 这样的二维数组，使用 CIDR 技术来聚合路由，以减缓 BGP 表的增长速度。

BGP 路由表是独立于 IGP 路由表的，但是这两个表之间可以进行信息的交换，这就是"再分布"技术（Redistribution）。

1. 路由汇总和聚集

类似于 IGP，BGP 的 auto-summary 命令会为任一存在的包含路由创建一条分类汇总路由。不过，与 IGP 不同的是，BGP 的命令只汇总那些重分发而注入的路由，它不会查询有类网络的边界，也不会查询已在 BGP 表中的路由，它只查询那些通过 redistribute 和 network 命令注入的路由。对于 redistribute 命令而言，当重分发进程注入有类网络的子网时，不注入该子网到路由表，而是用有类网络替代。对于 network 命令而言，如果它列出了有类网络号而没有掩码，则只要该有类网络有一个子网存在于路由表，就注入该有类网络。

但是，BGP 也可以使用手工汇总来广播汇总路由给邻接路由器，其命令是 aggregate-address，它与 auto-summary 命令有所差别。它可以基于 BGP 表中的任意路由进行汇总，可以创建任意前缀的汇总路由。

聚集路由必须包含 AS_PATH 路径属性，AS_PATH 包含 4 个部分：

1）AS_SEQ（AS 序列号）。

2）AS_SET。

3）AS_CONFED_SEQ（AS 联合序列号）。

4）AS_CONFED_SET。

最常使用的部分是 AS_SEQ，它包含了广播路由的所有 AS 号码。

注意，aggregate-address 命令可以创建 AS_SEQ 为空的汇总路由。当汇总路由的包含子网有不同的 AS_SEQ 值时，路由器不能创建 AS_SEQ 的准确表示，所以它会使用空 AS_SEQ。但是，这样也可能会造成路由环路。此时，可以使用 AS_SET 部分来解决这个问题，AS_SET 存放着所有包含子网 AS_SEQ 部分的 ASN 无序列表。

对 aggregate-address 命令的一些相关性质总结如下：

1）如果 BGP 表当前不包括汇总路由内的任何 NLRI 路由，它不会创建该汇总路由。

2）如果所有聚集路由的包含子网都被撤销，那么该聚集路由也将被撤销。

3）在本地 BGP 表中，设置汇总路由的 NEXT_HOP 地址为 0.0.0.0。

4）广播到邻接路由器时，汇总路由的 NEXT_HOP 地址设置为路由器对该邻接路由器的更新源 IP 地址。

5）如果汇总路由内的包含子网拥有相同 AS_SEQ，那么汇总路由的 AS_SEQ 即设为包含子网的 AS_SEQ。

6）如果汇总路由内包含的子网拥有不同 AS_SEQ，那么汇总路由的 AS_SEQ 设为空。

7）如果配置了 as-set 选项，路由器会为该汇总路由创建 AS_SET 部分（仅当汇总路由的 AS_SEQ 为空时）。

8）如果汇总路由广播到 EBGP 邻接路由器，路由器会附加自身 ASN 到 AS_SEQ。

9）如果使用了 summary-only 关键字，则会抑制包含子网的广播，如果配置了 suppress-map 选项，则会广播特定的包含子网。

2. BGP 路由信息的注入

每台 BGP 路由器注入路由到本地 BGP 表的方法与 IGP 类似，具体步骤为：1）使用 network 命令；2）由邻接路由器更新消息学习；3）由其他路由协议重分发获得，如图 6-12 所示。

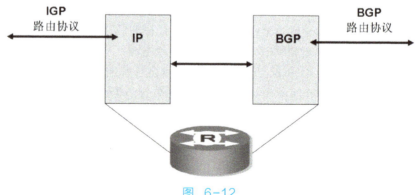

图 6-12

但 BGP 的 network 命令与 IGP 的 network 命令相比有较大差别。它的作用是在路由器的当前 IP 路由表中查找与 network 命令精确匹配的路由；如果该路由存在，即将相应的 NLRI

放入本地 BGP 表。按照这个定义，本地连接的直连路由、静态路由或 IGP 路由都可以从 IP 路由表取出并放入 BGP 表中。当路由器删除 IP 路由表的路由时，BGP 也会将对应的 NLRI 从 BGP 表删除，并通告邻接路由器该路由被撤销。

BGP 的 redistribute 子命令可以重分发静态路由、本地连接路由和 IGP 协议路由，其工作原理与 IGP 的重分发很类似，只有一个细微差别：BGP 不通过计算 metric 来选择路由，而是通过检查各类路径属性来选择，因此重分发到 BGP 的路由无需考虑 metric 的设置。不过，路由器可能需要使用路由映射来操作路由属性，从而影响 BGP 的决策过程。如果带 metric 的路由注入 BGP 中，BGP 会为该 metric 分配 BGP 多出口鉴别器（Multi-Exit Discriminator，MED）路由属性。

还可以在 BGP 中添加默认路由。当使用 network 命令注入默认路由时，到 0.0.0.0/0 的路由必须已经存在于本地路由表，而且 network 0.0.0.0 命令是必须的。一旦该默认路由从 IP 路由表中删除，BGP 也会从 BGP 表中删除该默认路由。

使用重分发注入默认路由要求附加配置命令 default-information originate，默认路由也必须已存在于 IP 路由表。

使用 neighbor 的方法注入默认路由时并不将默认路由加入本地 BGP 表，而是将该默认路由广播给指定的邻接路由器。实际上，该方法默认情况下甚至不检查默认路由是否在 IP 路由表中。如果有 route-map 选项，路由映射会检查 IP 路由表（不是 BGP 表）中的记录，如果 permit 从句匹配，则默认路由广播给该邻接路由器。

3. BGP 更新消息的选择

路由器基于 BGP 表的内容来确定更新消息的内容。路由器必须选择广播什么样的 BGP 表子集给每个邻接路由器，见表 6-2。

表 6-2

IBGP（内部对等体）/EBGP（外部对等体）	不发布的路由
两者	不是"最佳路由"的路由
两者	与外发 BGP 过滤语句中 deny 匹配的路由
IBGP	IBGP 学习的路由
EBGP	在 AS_PATH 中包含了邻接路由器 ASN 的路由

首先，BGP 只广播那些到特定子网（NLRI）确定为最佳路由的路由。如果需要在多条路径中选择最佳路由，这个过程可能非常烦琐，简单的过程可能有以下 4 步：

1）选择最短 AS_PATH 的路由。
2）如果 AS_PATH 长度一样，选择单个 EBGP 学习的路由（其优先级高于单个或多个 IBGP 学习的路由）。
3）再考虑到路由的 NEXT_HOP 最小 IGP metric 的路由。
4）如果 metric 相等，选择 BGP RID 最小的 IBGP 学习的路由。

除此之外，最佳路由还对 NEXT_HOP 有要求，它必须是 0.0.0.0 或路由表可达的。关于 NEXT_HOP，在广播到 IBGP 或 EBGP 时行为有所不同，见表 6-3。

表 6-3

邻接路由器类型	广播路由的默认行为	可修改行为的命令
IBGP	不改变 NEXT_HOP	neighbor…next-hop-self
EBGP	将 NEXT_HOP 改为更新的源 IP 地址	neighbor…next-hop-unchanged

在更新消息里发送的 BGP 路由如下：

1) 只广播在 BGP 表中的最佳路由。
2) 对于 IBGP 邻接路由器，不广播那些由其他 IBGP 邻接路由器学习到的路径。
3) 对于 EBGP 邻接路由器，不广播那些 AS_PATH 已包括的邻接路由器 AS 的路径。
4) 不广播那些抑制或阻止的路由。
5) 不广播那些根据配置过滤的路由。

4. BGP 与 IGP 的信息交换

信息的交换有两个方向：从 BGP 注入 IGP 以及从 IGP 注入 BGP。前者是将 AS 外部的路由信息传给 AS 内部的路由器，而后者是将 AS 内部的路由信息传到外部网络，这也是路由更新的来源。

把路由信息从 BGP 注入 IGP 涉及一个重要概念——同步（Synchronization）。同步规则是指当一个 AS 为另一个 AS 提供了传递服务时，只有当本地 AS 内部所有的路由器都通过 IGP 路由信息的传播收到这条路由信息以后，BGP 才能向外发送这条路由信息。当路由器从 IBGP 收到一条路由更新信息时，在转发给其他 EBGP 对等体之前，路由器会对同步性进行验证。只有 IGP 认识这个更新的目的时（即 IGP 路由表中有相应的条目），路由器才会将其通过 EBGP 转发；否则，路由器不会转发该更新信息。

同步规则的主要目的是保证 AS 内部的连通性，防止产生路由循环的黑洞。但是在实际的应用中，一般都会将同步功能禁用，而使用 AS 内 IBGP 的全网状连接结构来保证连通性，这样既可以避免向 IGP 中注入大量 BGP 路由，加快路由器处理速度，又可以保证数据包不丢失。要安全地禁用同步，需要满足以下两个条件之一：1) 所处的 AS 是单口的，或者说是末端 AS（Stub AS），即只有一个点与外界网络连接。2) 虽然所处的 AS 是传递型的（指一个 AS 可以通过本地 AS 与第三方 AS 建立连接），但是在 AS 内部的所有路由器都运行 BGP。第 2 种情况是很常见的，因为 AS 内所有的路由器都有 BGP 信息，所以 IGP 只需要为本地 AS 传送路由信息。

将 IGP 路由信息注入 BGP 是路由更新的来源。它直接影响到互联网路由的稳定性。信息注入有两种方式：动态和静态。

动态注入又分为完全注入和选择性注入。完全动态注入是指将所有的 IGP 路由再分布（Redistribution）到 BGP 中。这种方式的优点是配置简单，但是可控性弱、效率低。选择性的动态注入则是将 IGP 路由表中的一部分路由信息注入 BGP（如使用 DCNOS 中的 network 子命令）。这种方式会先验证地址及掩码，大大增强了可控性，提高了效率，可以防止错误的路由信息注入。

但是无论哪种动态注入方式，都会造成路由的不稳定。因为动态注入完全依赖于 IGP 信息，当 IGP 路由发生路由波动时，不可避免地会影响到 BGP 的路由更新。这种路由的不稳定会发出大量的更新信息，浪费大量的带宽。对于这种缺陷，可以在边界处使用路由衰减和聚合（BGP4 的新增特性 CIDR）来改善。

静态注入就可以有效解决路由不稳定的问题，它是将静态路由的条目注入 BGP 中。静态路由存在于 IGP 路由表中。由于静态路由条目是人为加入的，不会受到 IGP 波动的影响，所以很稳定。它的稳定性防止了路由波动引起的反复更新，但是，静态注入也会产生数据流阻塞等问题。

所以，在选择注入方式时，需要根据网络的实际状况来做出选择。

此外，BGP 还提供选择不同路由策略（Policy）的方法来控制 BGP 更新信息的数据流。具体地说，可以改变管理距离（Administrative Distance）来确定使用哪一个路由协议的更新信息；可以使用 BGP 过滤（如 Route Maps）来控制更新数据流；可以用 CIDR 和地址聚合来改变更新信息；也可以使用路由反射器（Route Reflectors）来改变路由更新信息的转发方式，从而改变对 BGP 内部网络物理拓扑的全网状要求。

6.3.3 BGP 对等体或邻居

建立了 BGP 会话连接的路由器被称作对等体（Peers or Neighbors），对等体的连接有两种模式：IBGP（Internal BGP）和 EBGP（External BGP）。IBGP 是指单个 AS 内部的路由器之间的 BGP 连接，而 EBGP 则是指 AS 之间的路由器建立 BGP 会话，如图 6-13 所示。

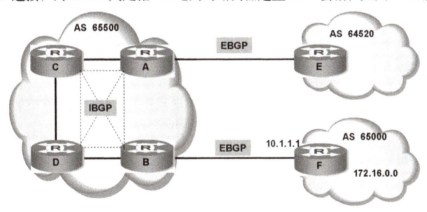

图 6-13

BGP 是用来完成 AS 之间的路由选择的，所以对于 BGP 来说，每一个 AS 都是一个原子的跳度。IBGP 则用来在 AS 内部完成 BGP 更新信息的交换，虽然这种功能也可以由再分布（Redistribution）技术来完成，即将 EBGP 传送来的其他 AS 的路由再分布到 IGP 中，然后将其再分布到 EBGP 来传送到其他 AS。但是相比之下，IBGP 提供了更高的扩展性、灵活性和管理的有效性。例如，IBGP 提供了选择本地 AS 外出点的方式。

IBGP 的功能是维护 BGP 路由器在 AS 内部的连通性。BGP 规定，一个 IBGP 路由器不能将来自另一 IBGP 路由器的路由发送给第三方 IBGP 路由器。这也可以理解为通常所说的 Split-horizon 规则。当路由器通过 EBGP 接收到更新信息时，它会对这个更新信息进行处理，并发送到所有的 IBGP 及余下的 EBGP 对等体；而当路由器从 IBGP 接收到更新信息时，它会对其进行处理并仅通过 EBGP 传送，而不会向 IBGP 传送。所以在 AS 中，BGP 路由器必须要通过 IBGP 会话建立完全连接的网状连接，以此来保持 BGP 的连通性。如果没有在物理上实现全网状（Full Meshed）的连接，就会出现连通性上的问题，如图 6-14 所示。

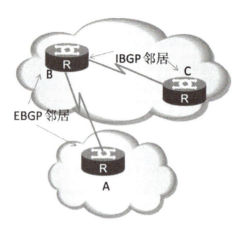

图 6-14

在 BGP 看来 AS 是一个整体，AS 内部的 BGP 路由器都必须将相同的路由信息发送给边界的 EBGP 路由器。路由信息在通过 IBGP 链路时不会发生改变，只有在发送给 EBGP 链路时，路由信息才会发生变化。在 AS 内部，通过 IBGP 连接的路由器都有相同的 BGP 路由表，用于存放 BGP 路由信息，不同于 IGP 路由表，两个表之间的信息可以通过再分布技术进行交换。

BGP 的基本规则：

1) 由 EBGP 邻居学来的信息肯定会传给另外的 EBGP 邻居。

2) 由 EBGP 邻居学来的信息肯定会传给 IBGP 邻居。

3) 由 IBGP 邻居学来的信息不会再传给另外的 IBGP 邻居。

4) 由 IBGP 邻居学来的信息：

① 如果同步关了，会传给 EBGP 邻居；

② 如果同步开了，先查找自己的 IGP。如果 IGP 里面有这个网络，就把这个网络传给 EBGP；如果 IGP 里面没有这个网络，就不会传给 EBGP 邻居。

6.3.4 BGP 属性

BGP 路由属性是 BGP 路由的核心概念。它是一组参数，在 Update 消息中被发给对等体。这些参数记录了 BGP 路由信息，用于 BGP 选择和过滤路由。它可以被看作 BGP 选择路由的度量值（metric）。

BGP 路由属性被分为 4 类：公认强制（Well-known mandatory attributes）、公认自决（Well-known discretionary attributes）、可选传递（Optional transitive attributes）和可选非传递（Optional nontransitive attributes）。

公认的（Well-known）属性对于所有的 BGP 路由器来说都是可辨别的；

每个 Update 消息中都必须包含强制（mandatory）属性，而自决的（discretionary）属性则是可选的，可包括也可不包括。

对于可选的（Optional）属性，不是所有的 BGP 设备都支持它。当 BGP 不支持这个属性时，如果这个属性是传递性的（transitive），则会被接受并传给其他的 BGP 对等体；如果这个属性是非传递性的（nontransitive），则被忽略，不传给其他对等体。

BGP 路由属性如下：

1) ORIGIN（路由信息的起源）。

2) AS_PATH（已通过的 AS 集或序列）。

3）NEXT_HOP（要到达该目的下一跳的 IP 地址，IBGP 连接不会改变从 EBGP 发来的 NEXT_HOP）。

4）MED（MULTI_EXIT_DISC，本地路由器使用，区别到其他 AS 的多个出口）。

5）LOCAL_PREF（在本地 AS 内传播，标明各路径的优先级）。

6）ATOMIC_AGGREGATE。

7）AGGREGATOR。

8）COMMUNITY。

其中，1）、2）、3）属性是公认强制；5）、6）是公认自决；7）、8）是可选传递；4）是可选非传递。这些属性在路由的选择中，考虑的优先级是不同的，仅就这 7 个属性来说，其中优先级最高的是 LOCAL_PREF，接下来是 ORIGIN 和 AS_PATH。

公认属性：

1）所有运行 BGP 的路由器都必须要识别以及标记。

2）随着路由信息的传递，传递给其他的 BGP 邻居。

公认强制属性：

1）该属性必须出现在路由更新中。

2）AS_PATH、Next_HOP、ORIGIN。

公认自决属性：

1）在路由更新中可以出现也可以不出现该属性。

2）LOCAL_PREF。

可选属性：

所有运行 BGP 的路由器不一定都支持，包括私有属性。

可选传递属性：

1）如果不能识别该属性，就接受此属性，并把它向前传递给其他 BGP 邻居。

2）COMMUNITY

可选非传递属性：

1）如果不能识别该属性，此属性就被忽略，不传递给其他 BGP 邻居。

2）MED

每个路径属性由 1Byte 的属性标志位，1Byte 的属性类型，1 或 2Byte 路由属性长度和路径属性数据组成。

属性标志位：

位 0：0 表示此属性必选，1 表示此属性可选。

位 1：0 表示此属性为非传递属性，1 表示此属性为传递属性。

位 2：0 表示所有属性均为路由起始处生成，1 表示中间 AS 加入了新属性。

位 3：0 表示路由属性长度由 1Byte 指示，1 表示由 2Byte 指示。

位 4 至位 7：未用置 0。

位 0 和位 1 标识了 BGP 的 4 类路由属性：

1）公认强制（00）：BGP 的 Update 报文中必须存在的属性。它必须能被所有的 BGP 工具识别。公认强制属性的丢失意味着 Update 报文的差错。这是为了保证所有的 BGP 工具统一于一套标准属性。

2）公认自决（01）：能被所有 BGP 识别的属性，但在 Update 报文中可发可不发。

3）可选传递（11）：如果 BGP 工具不能识别可选属性，它就去找传递属性位。如果此属性是传递的，BGP 工具就接受此属性，并把他向前传递给其他 BGP 路由器。

4）可选非传递（10）：当可选属性未被识别，且传递属性也未被置位时，此属性被忽略，不传递给其他 BGP 路由器。

1. ORIGIN 属性

（Type Code = 1，公认强制属性。）
Origin 属性的分类如图 6-15 所示。
IGP（i）：BGP network 命令发布的路由。
EGP（e）：EGP 再发布进 BGP 的路由。
Incomplete（?）：IGP 或静态路由再发布进 BGP 的路由。

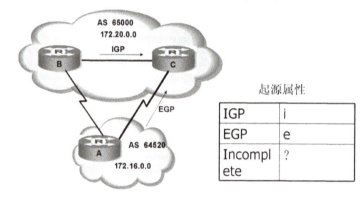

图 6-15

ORIGIN 描述了特定 NLRI 怎样首次注入 BGP 表。根据注入路由到本地 BGP 表的方式不同，BGP 可分为 3 类 ORIGIN 路径属性：IGP，EGP 或 Incomplete。3 类 ORIGIN 的比较见表 6-4。

表 6-4

ORIGIN 类型	适用于注入路由的命令
IGP	network, aggregate-address（某些情形）和 neighbor default-originate 命令
EGP	外部网关协议，现在已不用
Incomplete	redistribute，aggregate-address（某些情形）和 default-information originate 命令
EBGP	在 AS_PATH 中包含了邻接路由器 ASN 的路由

aggregate-address 命令用到的 ORIGIN 类型可分为以下几种情形：

1）如果未使用 as-set 选项，聚集路由的 ORIGIN 为 "i"。

2）如果使用了 as-set 选项，而且所有包含子网的 ORIGIN 都为 "i"，则聚集路由的 ORIGIN 为 "i"。

3）如果使用了 as-set 选项，而且至少有一个包含子网的 ORIGIN 为 "?"，则聚集路由的 ORIGIN 为 "?"。

2. AS_PATH 属性

（Type Code = 2，公认强制属性。）

BGP 的 AS_PATH 属性有两种可能的 path segment type 值，一种是 AS_set，另一种是 AS_sequence，通常情况下表现为 AS_sequence，即每个 EBGP 路由器把自己的 AS 号码加在 AS_PATH 域的最左边，如图 6-16 所示。

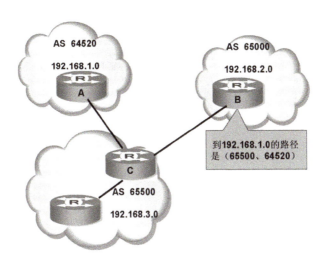

图 6-16

AS 路径属性由一系列 AS 路径段组成。每个 AS 路径段为一个三元组 < 路径段类型，路径段长度，路径值 >。

路径类型：公认强制。

路径段长度：用 1Byte 表示 AS 号码的数量，即最长为 255 个 AS 号码。

路径值：若干 AS 号码，每个 AS 号码为 2Byte。

3. NEXT_HOP 属性

（Type Code = 3，公认强制属性。）

此属性为 Update 消息中的目的地址所使用的下一跳，如图 6-17 所示。

NEXT_HOP 属性，也是一种公认强制属性，描述了通告到达某个目标地址的路径上，下一跳路由器的 IP 地址，这个 IP 地址并不一定就是邻居路由器的地址，这个地址遵循以下法则：

1）如果通告路由器和接收路由器位于不同的 AS（即外部对等层，External Peer），NEXT_HOP 属性是宣告路由器接口的 IP 地址。

2）如果通告路由器和接收路由器位于相同的 AS（即内部对等层，Internal Peer），并且更新中的 NLRI 所谈到的 AS 号也是相同的，那么 NEXT_HOP 属性就是通告这个路由的邻居的 IP 地址。

3）如果通告路由器和接收路由器位于相同的 AS（即内部对等层，Internal Peer），但是更新中的 NLRI 所谈到的 AS 号是不同的，那么 NEXT_HOP 属性就是学习到这个路由的外部对等层的 IP 地址。

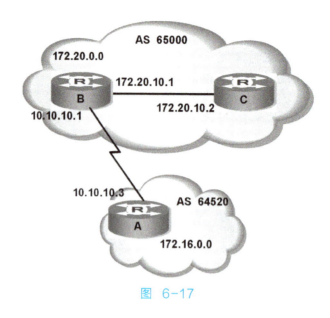

图 6-17

4. LOCAL_PREF 属性

（Type Code = 5，公认自决属性。）

LOCAL_PREF 为 4Byte 无符号整数。它在 AS 区域内传播，用来帮助一个本 AS 区域内的 BGP 伙伴选择进入其他 AS 区域的出口，如图 6-18 所示。

LOCAL_PREF 也是一条选路属性，它有以下几个特点：

1）在到达同一目标网络的多条路径中，LOCAL_PREF 越大则越优先。

2）LOCAL_PREF 的默认值是 100。

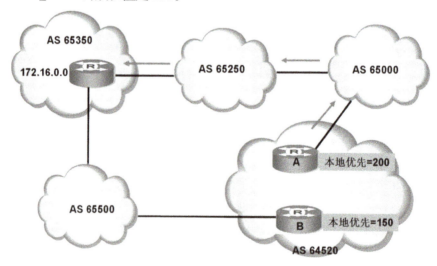

图 6-18

5. MED 属性

（Type Code = 4，公认自决属性。）

MED 属性为 4Byte 无符号整数。它在 AS 区域间传播，用来帮助一个其他 AS 区域的 BGP 伙伴选择进入本 AS 区域的入口，如图 6-19 所示。

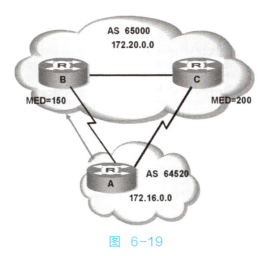

图 6-19

BGP-4 在 RFC1771 中做出了规定，并且还涉及其他很多的 RFC 文档。在这一新版本中，BGP 开始支持 CIDR 和 AS 路径聚合，这种新属性的加入，可以减缓 BGP 表中条目的增长速度。

6. ATOMIC_AGGREGATE 属性

（Type Code = 6，公认自决属性。）

原子聚合属性。它表示本地 BGP 在若干路由中选择了一个较抽象的（less specific）路由，而没有选择较具体（specific）的路由。

7. AGGREGATOR 属性

（Type Code = 7，可选传递属性。）

长度为 6Byte，分别为最后进行路由聚合的路由器的 AS 号码（2Byte）和 IP 地址（4Byte）。

6.3.5 BGP 有限状态机

BGP 有限状态机有 6 种状态，分别是：Idle、Connect、Active、Openset、Open-confirm 和 Established。状态之间的相互转换及转换条件如图 6-20 所示。

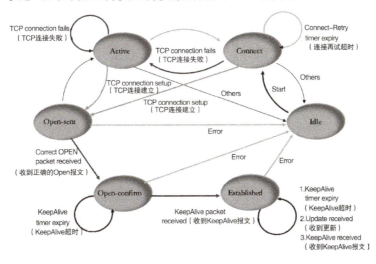

图 6-20

1. Idle 状态

在这个状态，BGP 拒绝任何进入的 BGP 连接，不为对端分配任何资源；响应 Start 事件，本地系统初始化所有的 BGP 资源，开始 ConnectRetry 计时器，初始化传输连接到别的 BGP 对端，当监听到远端 BGP 对端初始化 BGP 连接，改变状态到连接。ConnectRetry 计时器的值由本地设置，但是要大于 TCP 初始化的时间。

如果 BGP 发言者探测到错误，会关闭连接转换状态到 Idle。脱离 Idle 状态需要 Start 事件的产生。如果这个事件自动产生，连续的 BGP 错误会导致发言者的抖动。为了避免这个情况，建议先前由于错误而转换到 Idle 状态的对端 Start 事件不要立即产生。在连续产生的 Start 事件之间的时间，如果事件是自动产生的，应为指数增长，即初始计时器的值是 60s，计时应每连续产生一次就加倍。

在 Idle 状态下任何别的事件都会被忽略。

2. Connect 状态

在这个状态 BGP 等待传输协议连接的完成。

如果传输协议连接成功，本地系统清除 ConnectRetry 计时器，完成初始化，发送 Open 消息到对端，改变状态到 Open-sent。

如果传输协议连接失败（如重传超时），本地系统重启 ConnnectRetry 计时器，继续侦听远端 BGP 对端初始化的连接，改变它的状态到 Active 状态。

响应 ConnectRetry 计时器溢出事件，本地系统重启 ConnectRetry 计时器，初始化传输连接到 BGP 对端，继续侦听远端 BGP 对端初始化的连接，停留在 Connect 状态。

Start 事件在 Active 状态被忽略。

响应其他的事件（被别的系统或者操作者初始化），本地系统释放连接占有的所有 BGP 资源，转换状态到 Idle。

3. Active 状态

在这个状态，BGP 尝试通过初始化传输协议连接来得到对端。

如果传输协议连接成功，本地系统清除 ConnectRetry 计时器，完成初始化，发送 Open 消息到对端，设置 Hold 计时器为一个很大值，改变状态到 Open-sent。计时器值建议是 4min。

响应 ConnectRetry 计时器溢出事件，本地系统重启 ConnectRetry 计时器，初始化传输连接到别的 BGP 对端，继续侦听远端 BGP 对端初始化的连接，改变状态到 Connect。

如果本地系统探测到远端尝试建立 BGP 连接到自己，远端的 IP 地址不是期望的，本地系统重启 ConnectRetry 计时器，拒绝尝试连接，继续侦听远端 BGP 对端初始化的连接，停留在 Active 状态。

Start 事件在 Active 状态被忽略。

响应其他事件（别的系统或者操作者初始化），本地系统释放连接占有的所有的资源，改变状态到 Idle。

4. Open-sent 状态

在这个状态的 BGP 等待来自对端的 Open 消息。当 Open 消息收到，所有的域要检查正确性，如果 BGP 消息头检查或者 Open 消息检查探测到错误，或者有连接冲突，本地系统会发送 Notifacation 消息，改变状态到 Idle。

如果在 Open 消息内没有错误，BGP 发送 Keepalive 消息设置 Keepalive 计时器。Hold 计时器（先前被设置为一个大值）会被商议的 HoldTime 值替代。如果商议的 HoldTime 值是 0，那么 HoldTime 计时器和 Keepalive 计时器都要重启。如果 AutonomousSystem 域的值和本地 AS 号码一样，那么连接是"内部"连接，否则是"外部"连接。最后，状态转换到 OpenConfirm。

如果从底层的传输协议收到断开通告，本地系统关闭 BGP 连接，重启 ConnectRetry 计时器，同时继续侦听远端 BGP 初始化的连接，进入 Active 状态。

如果 Hold 计时器溢出，本地系统发送 Notification 消息，错误码是 HoldTimerExpired，同时改变状态到 Idle。

响应 Stop 事件（系统或者操作者初始化），本地系统发送 Notification 消息，错误码是 Cease，同时改变状态到 Idle。

Start 事件在 Open-sent 状态被忽略。

对其他事件的响应，本地系统发送 Notification 消息，错误码是 FiniteStateMachineError，同时改变状态到 Idle。

无论何时 BGP 改变状态从 Open-sent 到 Idle，关闭 BGP（以及传输层）连接并释放连接占用的所有的资源。

5.Open-confirm 状态

在这个状态，BGP 等待 Keepalive 或者 Notification 消息。

如果本地系统收到 Keepalive 消息，改变状态到 Established。

如果在收到 Keepalive 消息之前，Hold 计时器溢出，本地系统发送 Notification 消息，错误码是 HoldTimerExpired，改变状态到 Idle。

如果本地系统收到 Notification 消息，改变状态到 Idle。

如果 Keepalive 计时器溢出，本地系统发送 Keepalive 消息，重启 Keepalive 计时器。

如果从底层的传输协议收到断开通告，本地系统状态转换到 Idle。

响应 Stop 事件（系统或者操作者初始化），本地系统发送 Notification 消息，错误码是 Cease，改变状态到 Idle。

Start 事件在 Open-confirm 状态被忽略。

响应其他事件，本地系统发送 Notification 消息，错误码是 FiniteStateMachineError，改变状态到 Idle。

无论何时 BGP 改变状态从 Open-confirm 到 Idle，关闭 BGP（传输层）连接同时释放所有连接占用的资源。

6. Established 状态

表示处于建立状态中，BGP 交换 Update、Notification 和 Keepalive 消息到对端。

如果本地系统收到 Update 或者 Keepalive 消息，且商议的 HoldTime 值不是 0，那么开启 Hold 计时器。

如果本地系统收到 Notification 消息，状态转换到 Idle。

如果本地系统收到 Update 消息，在错误处理的过程中探测到错误，本地系统发送 Notification 消息，改变状态到 Idle。

如果从底层的传输协议收到断开通告，本地系统改变状态到 Idle。

如果 Hold 计时器溢出，本地系统发送 Notification 消息，错误码是 HoldTimerExpired，改变状态到 Idle。

如果 Keepalive 计时器溢出，本地系统发送 Keepalive 消息，重启 Keepalive 计时器。

每次本地系统发送 Keepalive 或者 Update 消息都重启 Keepalive 计时器，除非商议的计时器值是 0。

响应 Stop 事件（通过系统或者操作者初始化），本地系统发送 Notificatioin 消息，错误码是 Cease，改变状态到 Idle。

Start 事件在 Established 状态被忽略。

响应其他事件，本地系统发送 Notifacation 消息，错误码是 FiniteStateMachineError，改变状态到 Idle。

无论何时改变状态从 Established 到 Idle，关闭 BGP（以及传输层）连接，释放连接占用的所有资源，删除所有连接产生的路由。

6.3.6 BGP 同步概念

1. BGP 路由同步概念

BGP 协议规定：一个运行 BGP 的路由器不会把从内部对等体（IBGP 邻居）得知的路由信息通告给外部对等体（EBGP 邻居）或其他 IBGP 邻居，除非该路由信息也能通过 IGP 得知。若 BGP 路由器能通过 IGP 得知该路由信息，则可认为路由能在 AS 之间传播，内部通达已有保证。

首先通过 EBGP 邻居关系，某路由器 R1 获得了去往某 AS 的路由信息，例如，去往 AS100 中的 10.1.1.1/24，这台路由器会把这样的路由信息通告给它的 IBGP 邻居 R2，邻居 R2 收到从它通告来的去往自治系统特定 AS 的路由信息 10.1.1.1/24，对于这个邻居来说，在考虑是否把这样的路由信息通告给它的 EBGP 邻居 R3 时，就需要考虑同步问题。这里的同步是指 R2 如果能通过 IGP 获得去往 10.1.1.1/24 的路由，就认为 EGP 和 IGP 同步。在同步情况下，R2 可以将路由信息 10.1.1.1/24 通告给 R3，否则就不能通告。

2. BGP 路由同步的重要性

依然用上面的例子来解释，如果 R2 不考虑同步问题，直接将路由信息 10.1.1.1/24 通告给 R3，那么 R3 的路由表中就会记录一条去往 10.1.1.1/24 的路由信息，下一跳是指向 R2 的。这样问题就会出现：如果 R3 有一个去往 10.1.1.1/24 的数据包，它通过查看路由表，把这一数据包转发给 R2。如果没有同步，R2 的路由表中也会有去往 10.1.1.1/24 的表项，但是这一表项的下一跳是直接指向另一台远端路由器的。在不考虑是否同步的情况下，R2 很可能无法直接去往此路由的下一跳（因为路径中途的路由器 R4、R5 都没有去往 10.1.1.1/24 的路由）。下一跳不可达，就是指这种情况。

综上所述，BGP 强调同步的原因就是要保证下一跳可达。用上面的例子来说，就是 R2 在考虑把去往 10.1.1.1/24 的路由信息通告给 R3 时，需要考虑它去往 10.1.1.1/24 的下一跳是否可达。如果这个入口都不可达，更不要说访问其内部了。所以下一跳是否可达是一个关键性问题，BGP 强调同步，就是要求 R2 所在自治系统的 IGP 能够实现下一跳可达。如果 IGP 找到了去往下一跳的路由，那么 R2 就得到了两个去往 10.1.1.1/24 的路由。一个是通过 BGP 获得的，这个路由的下一跳不可达；另一个是通过 IGP 获得的，这个路由的下一跳可达。

3. BGP 的路由可达与不可达

在 BGP 系统中的下一跳是以自治系统为单位的。R2 的路由表中有去往 10.1.1.1/24 的路由，但是下一跳却在很远的地方，以至于下一跳不可达。但是对于 IGP 来说就不会有这样的问题出现。这都是因为两者下一跳的定义不同。既然 BGP 发现的路由有下一跳不可达的问题存在，就要解决这样的问题，BGP 同步就是解决的方法。

在多数路由器上，同步都是可以被取消的。取消了同步之后，路由器通告路由时，就不再考虑同步问题了，直接将自己的路由信息通告给 EBGP 邻居。但是这样就会出现下一跳不可达的问题。所以，在取消同步之前就要考虑好如何处理可能出现的下一跳不可达问题。对于上面例子中的情况来说，R2 所在的自治系统里所有的路由器都要知道如何去往 BGP 通告的下一跳。只要满足了这样的条件，就可以取消同步。

取消同步以后，使下一跳可达的方法有很多，需要视具体网络拓扑情况而定。就上面的例子来说，可以由 R1 将 BGP 路由引入 IGP 中，这样的做法一般不采用，因为 BGP 的路由信息量很大，对于 IGP 来说负担太重。可以在 R3、R4、R5 等过路路由器上增加静态路由，同时在远端路由设备上也增加静态路由，但这种办法实施起来很笨，也不是最理想的办法。最后，BGP 可以通过命令来强制修改下一跳，在 R2 上将去往 10.1.1.1/24 的下一跳强制修改为 R2 自身的接口，同时，需要过路路由器的路由表中有去往 10.1.1.1/24 的路由，这也不是最理想的解决方法，因为此方法还是需要借助于静态路由。其实，上面例子的拓扑结构中 IBGP 邻居不是直接的连接关系，而是 TCP 连接。BGP 在这样的拓扑结构下的下一跳可达问题一直没有理想的解决方案。如果这种情况的网络不是很复杂，还可以勉强解决。但是一旦网络复杂了，解决起来就很困难了。所以在网络设计时一定要注意避开这种情况，IBGP 邻居尽量直接连接。

6.3.7 BGP 路由选择进程

BGP 路由器的一项主要任务是评价多条从自身出发到那些用网络前缀表达的目的地的路径，应用合适的策略从中选出最优，然后将它通知给所有的 BGP 邻居。关键问题是如何评价和比较这些不同的路径。传统的距离向量协议（如 RIP）中，每条路径只有一个度量。因此，不同路径的比较简化为两个值的比较。AS 间路由的复杂性源自人们在如何评价外部路由的问题上缺少共同认可的度量。于是，每个 AS 拥有自己的一套对路径的评价指标。

BGP 路由器构建的路由数据库，由所有可用的路径和每条路径可达的目标集合（表达为网络前缀）组成。为了达到前面讨论的目的，考虑目标网络所对应的可用路径是有用的。大多数情况下，人们期望找到唯一一条可用路径。但是当不是这样时，所有可用的路径应当保存，当主要路径缺失时，保存能以最快的速度收敛，产生新的主要路径。任何时候，只有主要路径才会被广播。

路径选择过程可以形式化为对所有可用路径及相对应的目标 IP 定义完整的优先级。定义这种优先级的一种方法是定义一个函数，将每条完整的 AS_PATH 映射成一个非负整数，用来表示该路径的优先级。于是路径选择简化为将该函数应用到所有可用路径，再选择最高的优先级。

在实际的 BGP 实现中，为路径分配优先级的标准在配置信息中说明。

为路径分配优先级的过程源于以下几个信息：

1）整条 AS_PATH 显示的信息

2）由 AS_PATH 和 BGP 以外信息（例如，配置信息中的路由策略约束）引申出来的混合信息。

为路径分配优先级的可能的标准为：

1）AS 数目。AS 越少，该条路径越好。

2）策略考虑。BGP 对基于策略路由的支持，源于对分布式路由信息的控制。一个 BGP 路由器可能知道几条策略约束（包括自身 AS 的内外），进行合适的路径选择。不遵从策略要求的路径不被考虑。

3）某些 AS 是否在路径中存在。依靠 BGP 以外的信息，一个 AS 可以知道某些 AS 的一些性能特点（例如，带宽、MTU、AS 间径向距离等），然后选择偏爱程度。

4）路径起源。由 BGP 学习而来的整条路径（也就是说，路径终点与路径的上一个 AS 在 BGP 内部）相比那些部分学习自 EGP 及其他方法的路径是更优的。

5）AS_PATH 子集。通往同一目的地，一个较长 AS_PATH 的子集将受到偏爱。在该较短 AS_PATH 中存在的任何问题都也是较长 AS_PATH 的问题。

6）链路动态。稳定的路径比不稳定的路径更受欢迎。注意，这个标准应被小心使用，避免出现路由抖动。一般来说，任何依赖于动态信息的标准都可能引发路由的不稳定，所以应谨慎对待。

由以上分析，BGP 选路的基本过程如：

1）选择最高的本地优先级（LOCAL_PREF）。

2）选择本路由器始发的路由（NEXT_HOP=0.0.0.0），例如，从某网络始发、通过 BGP 子命令汇集或者通过某个 IGP 重分发而来，其中通过网络或者重分发学来的本地路径将优于通过 BGP 子命令汇集而来的路由。

3）选择最短的 AS 路径，注意以下几点：

①如果明确配置了 AS_PATH 路径忽略，则此步骤被跳过。

②不论在集合中有多少自治系统，AS_SET 数都为 1。

③ AS_CONFED_SEQUENCE 并不包含在 AS_PATH 长度中。

4）选择最小的起源 Code（IGP < EGP <Incomplete）。

5）选择最小的 MED，注意以下几点：

①这个比较仅仅出现在两条路径的下一条 AS 相同的情况下。

②如果 BGP 选项——always-compare-med 处于使能状态，那么所有路径都将比较 MED。

③如果 BGP 的选项——bestpath med-confed 处于使能状态，那么所有仅由 AS_CONFED_SEQUENCE 组成的路径都要比较 MED 值。

④如果从一个邻居得来的路径 MED 值为 4 294 967 295，那么它被插入到 BGP 表时将被更改为 4 294 967 294。

⑤如果一条路径没有 MED 值，它们将被分配 MED 为 0，但有一种情况例外，就是 BGP 选项——bestpath missing-as-worst 被使能的情况下，MED 值被分配为 4 294 967 294。

第6章 边界网关协议

⑥ BGP 的命令 deterministic med，也可能影响到这个步骤。

6）选择从 EBGP 邻居学到的路由（优于 IBGP）。

7）选择到达 BGP 下一跳最短的路由（根据 IGP 路由选择）。

8）选择从 EBGP 邻居学到最老的路由（Oldest Route：意为邻居计时器的值更大），maximum-paths n 命令可以使 BGP 最多地选择最近接收的 N 条路由进入路由表中，N 的最大值为 6。

9）选择最小的邻居路由器 Router ID，这个值是一台路由器的最高的 IP 地址，一般设置一个 Loopback 地址作为路由器 ID，也可以使用专门的命令设置。

10）选择最小的邻居路由器 IP 地址（BGP Neighbor 配置的地址）。

6.4 BGP 实训：配置路由器 BGP

1. 实训说明

网络中的多个自治系统之间有相互访问的需求，因此需要 AS 之间相互交换 AS 内部的路由。由于 AS 内路由器数量众多，路由数量较大且变化频繁，通过使用 BGP 来高效率地在 AS 之间传递大量路由。本实训主要掌握 BGP 的基础配置操作。

基本配置任务包括：

1）配置接口的网络层地址，使各相邻节点网络层可达。

2）所有的路由器都运行 BGP。

3）按照要求建立 EBGP 连接和 IBGP 连接。

2. 实训步骤

（1）华为厂商设备配置

第一步：在 eNSP 模拟器中添加路由器和计算机，连接后启动所有设备，并配置计算机的 IP 地址和网关，如图 6-21 所示。

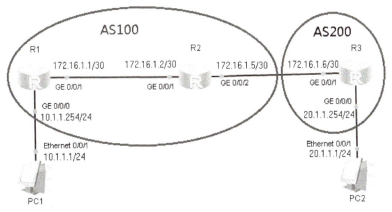

图 6-21

第二步：配置各路由器接口的 IP 地址。

第三步：配置路由器 R1，与 R2 建立 IBGP 连接。

bgp 100 // 进入 BGP 视图

router-id 1.1.1.1   // 配置路由管理中的 Router ID
peer 172.16.1.2 as-number 100 // 指定对等体的 IP 地址及其所属的 AS 编号
ipv4-family unicast   // 进入 IPv4 单播地址族视图
network 10.1.1.0 24   // 将本地路由表中的路由加入到 BGP 路由表中
peer 172.16.1.2 enable

第四步：配置路由器 R2，与 R1 建立 IBGP 连接，与 R3 建立 EBGP 连接。

bgp 100
router-id 2.2.2.2
peer 172.16.1.1 as-number 100
peer 172.16.1.6 as-number 200
peer 172.16.1.1 next-hop-local // 向对等体通告路由时，把下一跳设为自己的 IP 地址
ipv4-family unicast
peer 172.16.1.1 enable
peer 172.16.1.6 enable

第五步：配置路由器 R3，与 R2 建立 EBGP 连接。

bgp 200
router-id 3.3.3.3
peer 172.16.1.5 as-number 100
ipv4-family unicast
network 20.1.1.0 24
peer 172.16.1.5 enable

第六步：验证配置结果，如图 6-22 和图 6-23 所示。

在路由器 R2 上查看 BGP 对等体的连接状态：

```
[R2]display bgp peer
 BGP local router ID : 2.2.2.2
 Local AS number : 100
 Total number of peers : 2           Peers in established state : 2

  Peer            V         AS  MsgRcvd  MsgSent  OutQ  Up/Down        State  PrefRcv

  172.16.1.1      4        100        4        4     0 00:01:12 Established        1
  172.16.1.6      4        200        3        4     0 00:00:20 Established        1
```

图 6-22

查看路由器 R1 的 IP 路由表：

```
[R1]display ip routing-table
Route Flags: R - relay, D - download to fib
------------------------------------------------------------
Routing Tables: Public
         Destinations : 7        Routes : 7

Destination/Mask    Proto   Pre  Cost      Flags NextHop         Interface

      10.1.1.0/24   Direct  0    0           D   10.1.1.254      GigabitEthernet 0/0/0
    10.1.1.254/32   Direct  0    0           D   127.0.0.1       GigabitEthernet 0/0/0
      20.1.1.0/24   IBGP    255  0           RD  172.16.1.2      GigabitEthernet 0/0/1
     127.0.0.0/8    Direct  0    0           D   127.0.0.1       InLoopBack0
     127.0.0.1/32   Direct  0    0           D   127.0.0.1       InLoopBack0
    172.16.1.0/30   Direct  0    0           D   172.16.1.1      GigabitEthernet 0/0/1
    172.16.1.1/32   Direct  0    0           D   127.0.0.1       GigabitEthernet 0/0/1
```

图 6-23

在计算机上用 ping 命令测试连通性。

（2）思科、中兴、DCN、锐捷等厂商设备配置

第一步：按照图 6-22 连接好设备。

第二步：配置各路由器接口的 IP 地址。

第三步：配置路由器 R1，与 R2 建立 IBGP 连接。

R1（config）# router bgp 100   // 启动 BGP，路由器所在 AS 为 100

R1（config-bgp）#no synchronization   // 关闭同步

R1（config-bgp）# neighbor 172.16.1.2 remote-as 100   // 建立域为 100 的 IBGP 邻居

R1（config- bgp）#neighbor 172.16.1.2 activate   // 可以不配，系统自动配上

R1（config- bgp）#network 10.1.1.0 255.255.255.0

R1（config- bgp）#exit

第四步：配置路由器 R2，与 R1 建立 IBGP 连接，与 R3 建立 EBGP 连接。

R2（config）# router bgp 100   // 启动 BGP，路由器所在 AS 为 100

R2（config-bgp）#no synchronization

R2（config-bgp）# neighbor 172.16.1.1 remote-as 100   // 建立域为 100 的 IBGP 邻居

R2（config- bgp）#neighbor 172.16.1.1 activate   // 可以不配，系统自动配上

R2（config- bgp）#neighbor 172.16.1.1 next-hop-self// 修改 IBGP 对等体下一跳

R2（config- bgp）#exit

R2（config- bgp）# neighbor 172.16.1.6 remote-as 200   // 指定 AS200 中的 EBGP 邻居

R2（config- bgp）#neighbor 172.16.1.6 activate

R2（config- bgp）#exit

第五步：配置路由器 R3，与 R2 建立 EBGP 连接。

R3（config）# router bgp 200   // 启动 BGP，路由器所在 AS 为 100

R3（config-bgp）#no synchronization

R3（config- bgp）# neighbor 172.16.1.5 remote-as 100   // 指定 AS200 中的 EBGP 邻居

R3（config- bgp）#neighbor 172.16.1.5 activate

R3（config- bgp）#network 20.1.1.0 255.255.255.0

R3（config- bgp）#exit

第六步：验证配置结果。

R2#show ip bgp neighbor

R2#show ip bgp route

3. 拓展练习

1）参考 3 种以上不同网络设备厂商的产品配置手册，练习不同厂商的路由器 BGP 配置。

2）在路由器配置 BGP 以后，运用 Wireshark 监听并对照基础知识分析 BGP 报文数据结构。

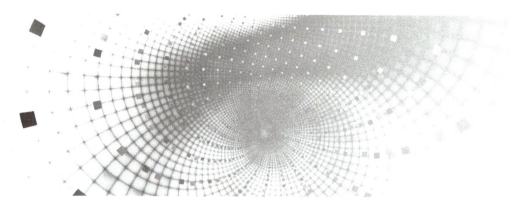

第7章 MPLS 技术基础

学习目标：

多协议标签交换（Multi-Protocol Label Switching，MPLS）属于第三代网络架构，是新一代的 IP 高速骨干网络交换标准，能解决 VPN 扩展问题和维护成本问题。本章将帮助读者了解 MPLS 的基本原理和交换方式，掌握 MPLS VPN 的优点和配置方法。

7.1 MPLS 介绍

IP 网络的出现给人类带来了极大的方便，但随着人们需求的不断扩大，IP 网络越来越不能满足人类的需求，像如何实现端到端的转发和控制、如何实现更高的带宽、如何实现实时性业务等问题一直困扰着人们。基于标记交换的 ATM（Asynchronous Transfer Mode）技术曾经一度被人看好，因为它是通过标签交换技术在整个网络中传送信元的。在 ATM 中，一个固定长度的信元包含了 5Byte 的头部和 48Byte 的有效负荷。ATM 信元涉及信元所存在的虚链路。在整个网络中，ATM 的每一跳传递方式都是一样的，即头部中的"标签"值每一跳都会改变。虽然 ATM 能够提供多种业务的交换技术，但是由于实际的网络中人们已经普遍采用 IP 技术，纯粹的 ATM 网络是不可能解决任何问题的，反而使网络本身变得更加复杂。因此人们就考虑是否能够提供一种像 ATM 一样的 IP 技术。MPLS 为网络带来新的转机，因为 MPLS 是一种将 ATM 特性与 IP 结合的新模式，它吸收了 ATM 的 VPI/VCI 交换思想，无缝地集成了 IP 路由技术的灵活性和 2 层交换的简捷性，在面向无连接的 IP 网络中增加了 MPLS 这种面向连接的属性。通过采用 MPLS 建立虚连接的方法，为 IP 网络增加了一些管理和运营手段。同时，MPLS 还具备以下优势：

1）使用一个统一的标准网络架构。
2）比在 ATM 中集成 IP 更好。
3）脱离边界网关协议（BGP）的核心。
4）对等体到对等体的 MPLS VPN 模型。
5）最优的数据传输。
6）流量工程。

7.2 MPLS 包头

路由交换设备通过在其相互之间通告 MPLS 标签来创建标签到标签的映射关系，这些标签都粘贴在 IP 报文中，并在 2 层报头和 IP 层之间。所以，MPLS 并不能很好地完全跟 OSI 模型匹配，可以将其简单地理解为 MPLS 是 2.5 层协议。如图 7-1 所示。

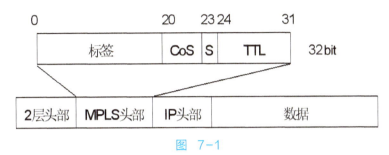

图 7-1

通常，MPLS 标签包头有 32bit，并且由统一的标准结构构成，其中：

前 20bit 为标签（Label），标签值的范围为 0~1 048 575，其中前 16bit 是不能随便定义的，因为它们有特定的含义；从 20~22bit 的 3 个 bit 是保留位，协议中没有明确，通常用作服务类型；1bit 的 S 用于标识是否是栈底，如果是，那么该位将被置为 1 否则为 0；从 24 到 31 的 8 个 bit 是生存周期（TTL）。这里的 TTL 和 IP 报文头部中 TTL 的功能是完全相同的，每经过一跳后，TTL 的值就减 1，其主要的功能是避免路由环路，一旦标签中的 TTL 值减少到 0，该报文就会被丢弃。

在报文头部的 MPLS 标签可能不止一个，而多标签就是通过将标签集合到标签栈的方式来实现的，在标签栈中的第一个标签为顶部标签，而最后一个称为底部标签。

7.3 标签交换路由器

标签交换路由器（Label Switching Router，LSR）是 MPLS 网络中的基本元素，它能够理解 MPLS，并且在数据链路上接收和传输带标签的报文。在 MPLS 网络中存在 3 种类型的 LSR：

1）入站 LSR：入站 LSR 接收尚未打上标签的报文，在报文前端插上标签以后再将该报文发送到数据链路中去，入站 LSR 是边缘 LSR。

2）出站 LSR：出站 LSR 接收带标签的报文，在移除标签以后再将该报文发送到数据链路中去，出站 LSR 也是边缘 LSR。

3）链路中 LSR：链路中间 LSR 接收到带标签的报文后，对其进行操作，然后再将该报文按正确的数据链路交换和发送出去。

LSR 是可以基于数据中的标签值来转发数据的设备，它对 IP 报文添加标签，然后按照 LSP 转发数据；或者对 MPLS 数据删除标签，按照 IP 路由转发数据。每个 LSR 必需分配一个全局唯一的标识符（LSR ID），通常取 LSR 一个接口的 IP 地址。例如，LSR Ru 和 Rd 对标签 L 和 FEC F 之间的映射关系达成一致，数据可以利用标签 L 从 Ru 转发到 Rd，则把 Ru 称为上游 LSR，Rd 称为下游 LSR。也就是说，数据总是从上游 LSR 向下游 LSR 转发。

7.4 标签交换路径

标签交换路径（Label Switching Path，LSP）是 LSR 在 MPLS 网络中转发所经过的路径，在一条 LSP 上，沿数据传送的方向，相邻的 LSR 分别称为上游 LSR 和下游 LSR。一条 LSP 中的第一台 LSR 是入站 LSR，而 LSP 中最后一台 LSR 是出站 LSR。所有的入站和出站 LSR 之间的 LSR 都是链路中 LSR，LSP 是单向的。

7.5 转发等价类

MPLS 作为一种分类转发技术，将具有相同转发处理方式的数据归为一类，称为转发等价类（Forwarding Equivalence Class，FEC）。相同 FEC 的数据在 MPLS 网络中将获得完全相同的处理。FEC 是一组三层报文，它们在同样的路径上、按照相同的转发待遇、以相同的模式被转发。转发决定可以分为两步：

1）分析数据头并将数据分成 FEC。
2）将 FEC 映射到下一跳。

传统 IP 转发网络中，每台路由器对相同数据都要进行 FEC 分类和选择下一跳。FEC 可以包含一个或多个 FEC 单元，每个 FEC 单元是一组可以映射到相同 LSP 的三层报文。

目前，定义了两种类型的 FEC 单元：

1）地址前缀型（Address Prefix）：使用地址前缀作为 FEC 单元，其长度为从 0 到完整的地址。前缀型 FEC 单元对应于一个目标子网。
2）主机地址型（Host Address）：使用终端地址作为 FEC 单元，对应于一个终端地址。

FEC 的划分方式非常灵活，可以是源地址、目的地址、源端口、目的端口、协议类型、VPN 等的任意组合。例如，在传统的采用最长匹配算法的 IP 转发中，到同一个目的地址的所有报文就是一个 FEC。

7.6 标签分发协议 LDP

要让报文能够在 MPLS 网络中穿越标签交换路径（LSP）的话，所有的 LSR 都必须运用标签分发协议来进行标签捆绑交换。当所有的 LSR 都为每一个转发等价类分配了特定的标签后，报文就能够在 LSP 中转发了，这是通过报文在每一个 LSR 上进行标签交换的方式来实现的。每一台 LSR 通过查找 LFIB 来确定标签操作（交换、添加和移除）。LFIB 是一张带标签报文的转发表，这张表是由 LFIB 中的部分绑定标签所构成的。而 LIB 则是通过 LDP、资源预留协议（RSVP）、MP-BGP 接收的，或者是静态分配的标签捆绑所构成的。其中只有 LDP 才能为所有的内部路由条目分发标签。但是所有直连的 LSR 之间必须建立 LDP 会话或者 LDP 对等关系，因为 LDP 会话可以交换标签映射信息。

LDP 与 IP 中的动态协议较为类似，同样具备几要素：报文、邻居表项、标签映射通告等。

当两台 LSR 都运行了 LDP 后，并且它们之间共享一条或多条链路的时候，它们可以通过 Hello 信息报文发现对方。然后，它们会通过 TCP 连接建立一个会话。LDP 就在这个 TCP 连接中在两个 LDP 对等体之间通告标签映射信息。这些标签映射信息用来通告、修改，或者撤销标签捆绑。LDP 提供了通过发送通知消息的方法来向 LDP 邻居进行查询和错误信息通报，具体过程如图 7-2 所示。

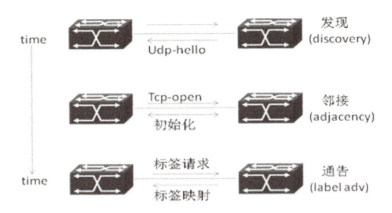

图 7-2

标签的分发过程有两种模式，主要区别就在于标签映射的发布是上游请求（DoD）还是下游主动发布（DU），下面将分别详细描述这两种模式的标签分发过程。

7.6.1 DoD 模式

DoD（Downstream-on-Demand）模式是指上游 LSR 向下游 LSR 发送标签请求消息（Label Request Message），其中包含 FEC 的描述信息。下游 LSR 为此 FEC 分配标签，并将绑定的标签通过标签映射消息（Label Mapping Message）反馈给上游 LSR。

下游 LSR 何时反馈标签映射消息，取决于该 LSR 采用的标签分配控制方式。

1）采用 Ordered 方式时，只有收到它的下游返回的标签映射消息后，才向其上游发送标签映射消息。

2）采用 Independent 方式时，不管有没有收到它的下游返回的标签映射消息，都立即向其上游发送标签映射消息。

上游 LSR 一般是根据其路由表中的信息来选择下游 LSR。

7.6.2 DU 模式

DU（Downstream Unsolicited）模式是指下游 LSR 在 LDP 会话建立成功后，主动向其上游 LSR 发布标签映射消息。上游 LSR 保存标签映射信息，并根据路由表信息来处理收到的标签映射信息，如图 7-3 所示。

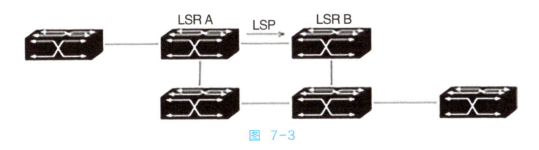

图 7-3

7.7 MPLS VPN

在目前 MPLS 网络中最为流行和使用最为广泛的是 MPLS VPN（MPLS 虚拟私有网络）技术，对于 MPLS VPN 技术的应用从它诞生到现在一直都是成指数级的增长。因为 MPLS VPN 可以提供高扩展性，并且可以将整个网络分割成相互独立的小网络。该技术正是大型企业网络所需要的，因为大型企业网络的通用架构必须要能为单独的部门或不同的分部提供隔离的网络，因此现在 MPLS VPN 技术已经被大型企业看重。

VPN（Virtual Private Network）即虚拟专用网是在 Internet 网络中建立一条虚拟的专用通道，让两个远距离的网络客户能在一个专用的网络通道中相互传递资料而不会被外界干扰或窃听。

所谓虚拟，是指用户不再需要拥有实际的长途数据线路，而是使用 Internet 公众数据网络的长途数据线路。所谓专用网络，是指用户可以为自己制定一个最符合自己需求的网络。

按照以前的企业互连方式，企业与其子公司之间要拉一根专线，而每年却需为这根专线支付昂贵的专线费，如若改用 VPN 方案，利用 Internet 组建私有网，将大笔的专线费用缩减为少量的市话费用和 Internet 费，企业甚至可以不必建立自己的广域网维护系统，而将这一繁重的任务交由专业的 ISP 来完成。

MPLS VPN 能够提供所有上述 VPN 中所提到的功能，MPLS VPN 的实现是因为服务提供商的骨干网络中运行了 MPLS，这就使得该骨干网络可以支持分离的转发层面和控制层面，而该特性在 IP 的骨干网络中是无法实现的。

MPLS VPN 的网络构成如图 7-4 所示。

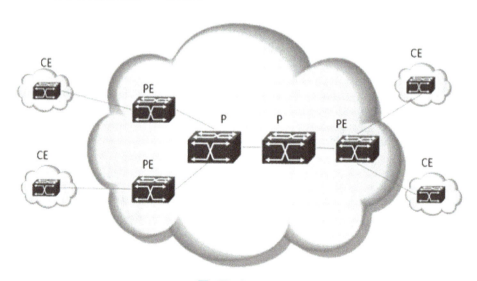

图 7-4

· P 路由器（Provide Router）：供应商路由器，位于 MPLS 域的内部，可以基于标签交换快速转发 MPLS 数据流。P 路由器接收 MPLS 报文，交换标签后，输出 MPLS 报文。

· PE 路由器（Provide Edge Router）：供应商边界路由器，位于 MPLS 域的边界，用于转换 IP 报文和 MPLS 报文。PE 路由器接收 IP 报文，压入 MPLS 标签后，输出 MPLS 报文并接收 MPLS 报文，弹出标签后，输出 IP 报文。PE 路由器上，与其他 P 路由器或者 PE 路由器连接的端口被称为"公网端口"，配置公网 IP 地址；与 CE 路由器连接的端口被称为"私网端口",配置私网 IP 地址。

- CE 路由器（Customer Edge Router）：用户边界路由器。位于用户 IP 域边界，直接和 PE 路由器连接，用于汇聚用户数据，并把用户 IP 域的路由信息转发到 PE 路由器。

CE 和 PE 的划分主要是根据 SP 与用户的管理范围，CE 和 PE 是两者管理范围的边界。

当 CE 与直接相连的 PE 建立邻接关系后，CE 把本站点的 VPN 路由发布给 PE，并从 PE 学到远端 VPN 的路由。CE 与 PE 之间使用 BGP/IGP 交换路由信息，也可以使用静态路由。

PE 从 CE 学到 CE 本地的 VPN 路由信息后，通过 BGP 与其他 PE 交换 VPN 路由信息。PE 路由器只维护与它直接相连的 VPN 的路由信息，不维护服务提供商网络中的所有 VPN 路由。

P 路由器只维护到 PE 的路由，不需要了解任何 VPN 路由信息。

当在 MPLS 骨干网上传输 VPN 流量时，入口 PE 作为 Ingress LSR（Label Switch Router），出口 PE 作为 Egress LSR，P 路由器则作为 Transit LSR。

1. BGP/MPLS VPN

如今 BGP4（BGP 版本 4）已经是个非常成熟的协议，成为域间路由的标准使用协议。BGP 非常适合承载成百上千条路由协议，并且能够对稳定性提供很好的支持。同时它具有良好的可扩展性，可以实施扩展策略的路由协议。所以选择 BGP 来承载 MPLS L3 VPN 的路由。

要实现 MPLS L3 VPN 还需要解决一些基本问题，包括 VRF（虚拟路由转发）、RD（路由区分符）、RT（路由对象）等。

（1）VRF

VRF（Virtual Routing Forwarding，虚拟路由转发）的实例由 VPN 路由表和 VPN IP 转发表（转发表包含了 MPLS 封装信息）组成，是实现 MPLS VPN 数据转发的核心表项。在 PE 上的每一个 VPN 有自己独立的一个 VRF 实例，不同 VPN 的 VRF 地址空间可以重叠。在 MPLS VPN 网络中一个 PE 通常包含有多个独立运作的 VRF，一个 PE 维护了一张 IP 路由表，同时由于在 PE 上的路由需要被相互隔离，以确保对每一个用户 VPN 的私有性，所以为每一个连到 PE 的 VPN 维护了一张 VRF 表。在 PE 上，指向 CE 的接口只属于一个 VRF，同样地，所有在 VRF 接口上收到的 IP 报文都应该属于这个 VRF，如图 7-5 所示。

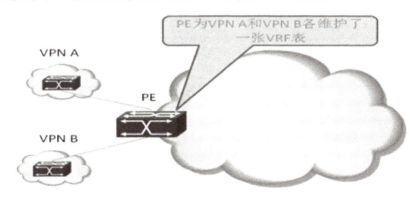

图 7-5

（2）RD

由于 BGP/MPLS VPN 提供私密性，支持不同用户之间使用重叠的 IP 地址，如果没有保障机制来区分的话，肯定会产生错误。为了解决这个问题，定义了 RD（Route Distinguisher，路由区分符）来让 IPv4 前缀唯一。其基本原理是每一个用户收到一个前缀都会有一个唯一的标识符（即 RD）来区分来自不同用户的相同前缀，这种 IPv4 前缀和 RD 的前缀结合在一起的形式被称为 VPNv4 前缀。而 BGP/MPLS VPN 需要将这些 VPNv4 前缀在 PE 之间进行传递。

IPv4 地址加上 RD 之后就变成 VPN-IPv4 地址族了。理论上可以为每个 VRF 配置一个 RD，但要保证这个 RD 全球唯一，通常建议为每个 VPN 都配置相同的 RD，如果两个 VRF 中存在相同的地址，但是 RD 不同，则两个 VRF 一定不能互访，间接互访也不行。PE 从 CE 接收的标准路由是 IPv4 路由，如果需要发布给其他的 PE 路由器，此时需要为这条路由附加一个 RD。VPN-IPv4 地址仅用于服务供应商网络内部。在 PE 发布路由时添加，在 PE 接收路由后放在本地路由表中，用来与后来接收到的路由进行比较。而 CE 不知道使用的是 VPN-IPv4 地址，在其穿越供应商骨干时，VPN 数据流量的包头中没有携带 VPN-IPv4 地址。

（3）RT

RD 仅标识 VPN 的唯一性，如果在不同的 VPN 场点之间进行通信就会出现问题。例如，VPN A 的一个 site 无法和 VPN B 的一个 site 之间进行通信，这就是 RD 不匹配造成的。VPN A 的一个 site 和 VPN B 的一个 site 之间进行互访被称为外部 VPN，而同一个 VPN 之间的 site 互相通信被称为内部 VPN。解决 VPN 的外部通信的问题是由 BGP/MPLS VPN 的另一个特性 RT（Route Target，路由对象）决定的。

RT 也是 BGP 的扩展，它能标明哪些路由需要从 MP-BGP 中注入到 VRF，PE 路由器上的 VPN 实例有两类 RT 属性：

1）Export Target 属性：本地 PE 在把从与自己直接相连的 site 学到的 VPN-IPv4 路由发布给其他 PE 前，为这些路由设置 Export Target 属性。

2）Import Target 属性：PE 在接收到其他 PE 路由器发布的 VPN-IPv4 路由时，检查其 Export Target 属性，只有当此属性与 PE 上 VPN 实例的 Import Target 属性匹配时，才把路由加入到相应的 VPN 路由表中。

也就是说，RT 属性定义了一条 VPN-IPv4 路由可以为哪些 site 所接收，PE 路由器可以接收哪些 site 发送来的路由，如图 7-6 所示。

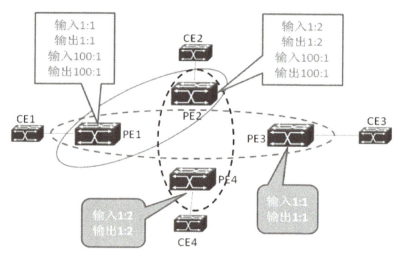

图 7-6

在图 7-6 中，CE1 和 CE3 之间是内部 VPN，CE2 和 CE4 之间也是内部 VPN，而 CE1 和 CE2 之间是外部 VPN。通过 RT 配置来实现。

2. BGP/MPLS VPN 中的 VPNv4 路由转发

CE 和 PE 之间通过 IGP（静态路由、RIP、OSPF 等）或 EBGP 进行 IPv4 路由交换。而 PE 和 PE 之间通过 IBGP 来交换 VPNv4 路由和标签。路由传播的方式如图 7-7 和图 7-8 所示。

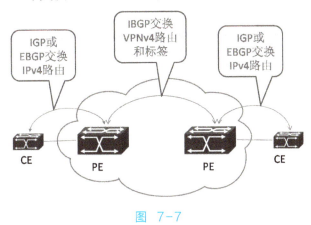

图 7-7

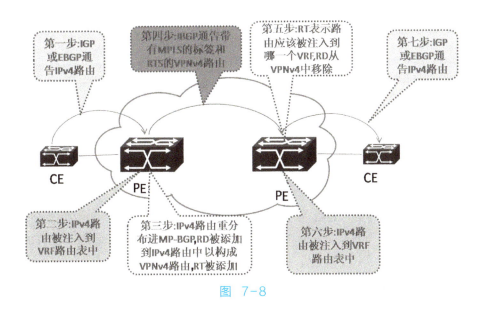

图 7-8

MPLS VPN 网络中路由传播的详细步骤：

第一步：CE 通过 IGP 或 EBGP 向 PE 通告 IPv4 路由。

第二步：在 PE 上将这些来自于 VPN 站点的 IPv4 路由注入 VRF 路由表中，这个 VRF 通常是配置在 PE 上指向 CE 接口的 VRF。

第三步：路由被添加了 RD 之后被分配给了特定的 VRF，变成了 VPNv4 路由并被注入 MP-BGP 中，并添加 RT。

第四步：通过 IBGP 协议向 MPLS VPN 网络中的其他 PE 通告这些 VPNv4 路由。

第五步：当 PE 收到 VPNv4 路由的报文后，将 VPNv4 路由的 RD 去掉。
第六步：以 IPv4 路由的方式注入 VRF 路由表中。
第七步：这些 IPv4 路由通过 PE 和 CE 之间运行的某种 IGP 或 EBGP 路由通告给 CE。

3. BGP/MPLS VPN 组网解决方案

在 BGP/MPLS VPN 网络中，通过 VPN Target 属性来控制 VPN 路由信息在各 site 之间的发布和接收。VPN Export Target 和 Import Target 的设置相互独立，并且都可以设置多个值，能够实现灵活的 VPN 访问控制，从而实现多种 VPN 组网方案。

（1）基本的 VPN 方案

最简单的情况下，一个 VPN 中的所有用户形成闭合用户群，相互之间能够进行流量转发，VPN 中的用户不能与任何本 VPN 以外的用户通信。

对于这种组网，需要为每个 VPN 分配一个 VPN Target，作为该 VPN 的 Export Target 和 Import Target，并且此 VPN Target 不能被其他 VPN 使用，如图 7-9 所示。

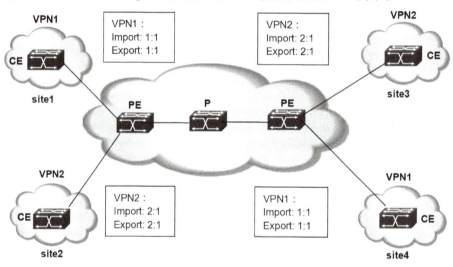

图 7-9

在图 7-9 中，PE 上为 VPN1 分配的 VPN Target 值为 100:1，为 VPN2 分配的 VPN Target 值为 200:1。VPN1 的两个 site 之间可以互访，VPN2 的两个 site 之间也可以互访，但 VPN1 和 VPN2 的 site 之间不能互访。

（2）Hub&Spoke VPN

如果希望在 VPN 中设置中心访问控制设备，其他用户的互访都通过中心访问控制设备进行，可以使用 Hub&Spoke 组网方案，从而实现中心设备对两端设备之间的互访进行监控和过滤等功能。

对于这种组网，需要设置两个 VPN Target，一个表示 Hub，另一个表示 Spoke。

各 site 在 PE 上的 VPN 实例的 VPN Target 设置规则为：

1）连接 Spoke 站点的（Spoke-PE）：Export Target 为 Spoke，Import Target 为 Hub。

2）连接 Hub 站点的（Hub-PE）：Hub-PE 上需要使用两个接口或子接口，一个用于接收 Spoke-PE 发来的路由，其 VPN 实例的 Import Target 为 Spoke；另一个用于向 Spoke-PE

发布路由，其 VPN 实例的 Export Target 为 Hub。

如图 7-10 所示，Spoke 站点之间的通信通过 Hub 站点进行（图中箭头所示为 site2 的路由向 site1 的路由发布的过程）：

1）Hub-PE 能够接收所有 Spoke-PE 发布的 VPN-IPv4 路由。

2）Hub-PE 发布的 VPN-IPv4 路由能够为所有 Spoke-PE 接收。

3）Hub-PE 将从 Spoke-PE 学到的路由发布给其他 Spoke-PE，因此 Spoke 站点之间可以通过 Hub 站点互访。

4）任意 Spoke-PE 的 Import Target 属性不与其他 Spoke-PE 的 Export Target 属性相同。因此，任意两个 Spoke-PE 之间不直接发布 VPN-IPv4 路由，Spoke 站点之间不能直接互访。

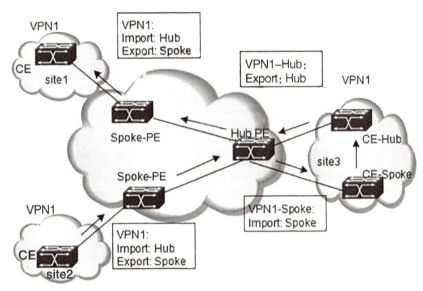

图 7-10

（3）Extranet VPN

如果一个 VPN 用户希望提供部分本 VPN 的站点资源给非本 VPN 的用户访问，可以使用 Extranet 组网方案。

对于这种组网，如果某个 VPN 需要访问共享站点，则该 VPN 的 Export Target 必须包含在共享站点的 VPN 实例的 Import Target 中，而其 Import Target 必须包含在共享站点 VPN 实例的 Export Target 中。

如图 7-11 所示，VPN1 的 site3 能够被 VPN1 和 VPN2 访问：

1）PE3 能够接受 PE1 和 PE2 发布的 VPN-IPv4 路由。

2）PE3 发布的 VPN-IPv4 路由能够为 PE1 和 PE2 接受。

3）基于以上两点，VPN1 的 site1 和 site3 之间能够互访，VPN2 的 site2 和 VPN1 的 site3 之间能够互访。

PE3 不把从 PE1 接收的 VPN-IPv4 路由发布给 PE2，也不把从 PE2 接收的 VPN-IPv4 路由发布给 PE1（IBGP 邻居学来的条目不会再发送给别的 IBGP 邻居），因此 VPN1 的 site1 和 VPN2 的 site2 之间不能互访。

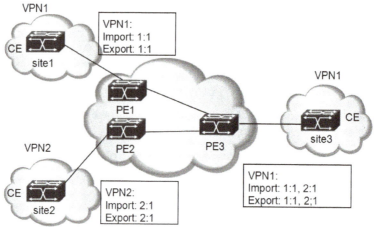

图 7-11

7.8 MPLS VPN 访问公网

7.8.1 非 VRF Internet 接入

非 VRF Internet 接入方式中，PE 路由器与 Internet 网关通过非 VRF 接口通信，VPN 站点访问 Internet 的往返流量经过 PE 路由器的全局路由表转发。具有访问 Internet 功能的 CE 路由器与 PE 路由器存在两条连接，一条连接与 PE 的公网接口相连（公网连接），另一条连接与 PE 的私网接口相连（私网连接）。PE 路由器的全局路由表可以包含完整或部分的 Internet 路由，或者只有一条指向 Internet 网关的默认路由，CE 路由器通过公网连接学习 Internet 路由，并将 VPN 站点内全球注册的 IP 地址子网路由通过公网连接发布给 PE，PE 再将这些路由发布到 Internet 网关，最后发布到 Internet。VPN 站点访问 Internet 的往返流量也通过公网连接。CE 和 PE 之间的私网连接用于 CE 路由器学习和发布 VPN 内的私网路由，VPN 站点间也通过私网连接通信，经由 PE 路由器 VRF 路由表转发。在这种方式中，PE 路由器的全局路由表和 VRF 路由表之间完全隔离，VPN 路由分发和 Internet 路由分发过程完全独立，如图 7-12 所示。

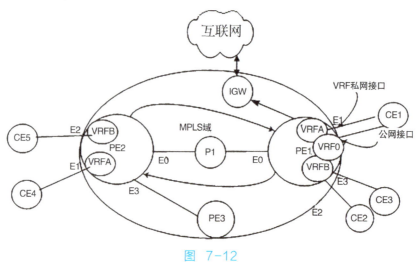

图 7-12

7.8.2 VRF Internet 接入：二次查找全局路由表

VRF Internet 接入方式中，PE 路由器与 Internet 网关通过非 VRF 接口通信，VPN 站点访问其他站点的 VPN 往返流量和访问 Internet 的往返流量均经过 CE 和 PE 的私网连接。PE 路由器包含完整的 Internet 路由或者只有一条到达 Internet 网关的默认路由。VPN 访问 Internet 的 IP 报文到达 PE 的 VRF 接口时，如果在 VRF 路由表中查找失败，可以跳转到全局路由表中查找，如果命中，则报文可转发到 Internet 网关，再通过 Internet 网关转发到 Internet。为了实现 Internet 主机回访 VPN 站点，需要在 PE 全局路由表中创建一条特殊的静态路由，该路由的目的网段为 VPN 站点内全球注册的 IP 地址子网，出接口为指向 VPN 站点的私网接口，下一跳为 CE 路由器，这条静态路由通过 PE 发布到 Internet 网关，再经过 Internet 网关发布到 Internet。Internet 主机回访 VPN 站点的报文到达 PE 的公网接口，查找 PE 的全局路由表，如果匹配指向 VPN 站点的静态路由，则将报文通过私网接口转发到下一跳。在这种方式中，PE 路由器的全局路由表和 VRF 路由表并不是完全隔离的，PE 路由器的全局路由表包含了部分的 VPN 路由，如图 7-13 所示。

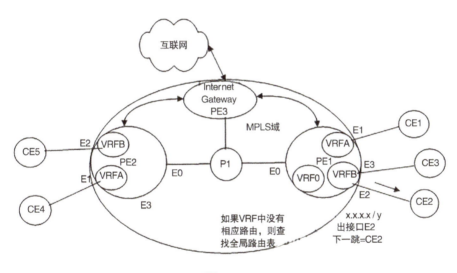

图 7-13

7.8.3 VRF Internet 接入 2：配置单独的 Internet VRF

VRF Internet 接入 2 方式中，VPN 站点通过 PE 和 CE 间的私网连接访问 Internet。PE 路由器的 VRF 路由表包含 Internet 路由，这些 Internet 路由是通过与 Internet 网关相连的 PE 路由器（称为 Internet PE）学到的，Internet PE 创建一个 Internet VRF，通过绑定 Internet VRF 的接口与 Internet 网关相连，这样 Internet 网关可将 Internet 路由发布到 Internet PE 的 VRF 路由表中，这些路由以 VPNv4 路由发布到其他 PE 路由器的 VRF 中。需访问 Internet 的 VPN 站点相连的 PE 路由器将对应的 VRF 路由（最好仅为目的网段为 VPN 站点内全球注册的 IP 地址子网的路由）通过 VPNv4 路由发布到 Internet PE，安装在 Internet VRF 中，Internet 网关再将这些路由发布到 Internet。这些路由的引入引出策略依赖于 MBGP 和 VRF 配置的 Route Target，如图 7-14 所示。注意，在这种方式中，可以访问 Internet 的 VPN 站点是不允许出现地址或路由重叠的。

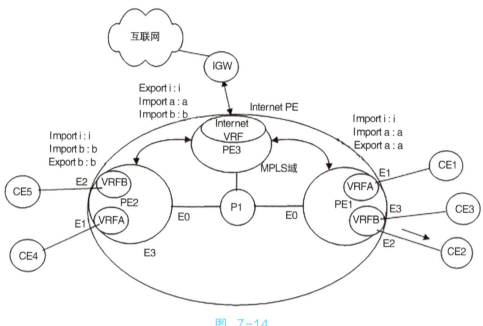

图 7-14

7.8.4 VPN 访问公网三种方式比较

VPN 访问公网的三种方式比较见表 7-1。

表 7-1

VPN 访问 Internet 方式	优点	缺点
非 VRF Internet 接入	PE 全局路由表和 VRF 路由表相互隔离；CE 可以执行路由优化；在 CE 处将私网流量和公网流量分离	PE 和 CE 间需要额外增加一条连接；PE 需要包含 Internet 路由；在 CE 处增加了 BGP 的复杂性
VRF Internet 接入	配置简单	PE 需要包含 Internet 路由；VRF 不能包含默认路由；将 VPN 路由泄露到全局路由表增加了路由表的规模；静态配置
VRF Internet 接入 2	配置简单	需要在 VRF 路由表导入 Internet 路由，增加了 VRF 路由表的规模

7.9 MPLS 实训：配置路由器 MPLS

1. 实训说明

本次实训通过静态 LSP 配置实现 MPLS 转发。静态 LSP 不使用标签发布协议动态建立，需要由管理员手动配置，适用于拓扑结构简单且稳定的网络。

第 7 章 MPLS 技术基础

如图 7-15 所示，LSR_1、LSR_2、LSR_3 为 MPLS 骨干网设备。要求在骨干网上创建稳定的公网隧道来承载 L2VPN 或 L3VPN 业务。

配置静态 LSP，可以实现此需求。按要求配置两条静态 LSP：LSR_1 到 LSR_3 的路径为 LSP1，LSR_1 为 Ingress，LSR_2 为 Transit，LSR_3 为 Egress；LSR_3 到 LSR_1 的路径为 LSP2，LSR_3 为 Ingress，LSR_2 为 Transit，LSR_1 为 Egress。采用以下的配置思路：

1）在 LSR 上配置 OSPF，实现骨干网的 IP 连通性。
2）在 LSR 上配置 MPLS 功能，这是实现在骨干网上创建公网隧道的前提。
3）由于网络拓扑结构简单、稳定，且需创建稳定的公网隧道来承载 L2VPN 或 L3VPN 业务，因此配置静态 LSP。为了实现这一步，需进行以下操作：

①在 Ingress 配置此 LSP 的目的地址、下一跳和出标签的值。
②在 Transit 配置此 LSP 的入接口、与上一节点出标签相等的入标签的值、对应的下一跳和出标签的值。
③在 Egress 配置此 LSP 的入接口、与上一节点出标签相等的入标签的值。

2. 实训步骤

（1）华为厂商设备配置

第一步：在 eNSP 模拟器中添加路由器和计算机，连接后启动所有设备，并配置计算机的 IP 地址和网关，如图 7-15 所示。

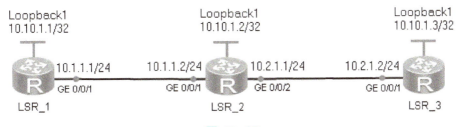

图 7-15

第二步：配置各路由器接口的 IP 地址。
第三步：配置 OSPF 协议，发布各节点接口所连网段和 LSR ID 的路由。
配置 LSR_1。
[LSR_1] ospf 1
[LSR_1-ospf-1] area 0
[LSR_1-ospf-1-area-0.0.0.0] network 10.10.1.1 0.0.0.0
[LSR_1-ospf-1-area-0.0.0.0] network 10.1.1.0 0.0.0.255
配置 LSR_2。
[LSR_2] ospf 1
[LSR_2-ospf-1] area 0
[LSR_2-ospf-1-area-0.0.0.0] network 10.10.1.2 0.0.0.0
[LSR_2-ospf-1-area-0.0.0.0] network 10.1.1.0 0.0.0.255
[LSR_2-ospf-1-area-0.0.0.0] network 10.2.1.0 0.0.0.255
配置 LSR_3。
[LSR_3] ospf 1
[LSR_3-ospf-1] area 0
[LSR_3-ospf-1-area-0.0.0.0] network 10.10.1.3 0.0.0.0
[LSR_3-ospf-1-area-0.0.0.0] network 10.2.1.0 0.0.0.255

验证 OSPF 配置：在各节点路由器上执行 display ip routing-table 命令，可以看到相互之间都学到了彼此的路由。以 LSR_1 为例，如图 7-16 所示。

```
<LSR_1>display ip routing-table
Route Flags: R - relay, D - download to fib
------------------------------------------------------------------
Routing Tables: Public
        Destinations : 8        Routes : 8

Destination/Mask    Proto   Pre  Cost      Flags NextHop         Interface
        10.1.1.0/24 Direct  0    0           D   10.1.1.1        GigabitEthernet 0/0/1
        10.1.1.1/32 Direct  0    0           D   127.0.0.1       GigabitEthernet 0/0/1
        10.2.1.0/24 OSPF    10   2           D   10.1.1.2        GigabitEthernet 0/0/1
       10.10.1.1/32 Direct  0    0           D   127.0.0.1       LoopBack1
       10.10.1.2/32 OSPF    10   1           D   10.1.1.2        GigabitEthernet 0/0/1
       10.10.1.3/32 OSPF    10   2           D   10.1.1.2        GigabitEthernet 0/0/1
        127.0.0.0/8 Direct  0    0           D   127.0.0.1       InLoopBack0
       127.0.0.1/32 Direct  0    0           D   127.0.0.1       InLoopBack0
```

图 7-16

第四步：在各节点使能 MPLS 基本功能。

\# 配置 LSR_1。

[LSR_1] mpls lsr-id 10.10.1.1

[LSR_1] mpls

\# 配置 LSR_2。

[LSR_2] mpls lsr-id 10.10.1.2

[LSR_2] mpls

\# 配置 LSR_3。

[LSR_3] mpls lsr-id 10.10.1.3

[LSR_3] mpls

第五步：配置各接口的 MPLS 能力。

\# 配置 LSR_1。

[LSR_1] interface gigabitethernet 0/0/1

[LSR_1-GigabitEthernet0/0/1] mpls

\# 配置 LSR_2。

[LSR_2] interface gigabitethernet 0/0/1

[LSR_2-GigabitEthernet0/0/0] mpls

[LSR_2] interface gigabitethernet 0/0/2

[LSR_2-GigabitEthernet0/0/2] mpls

[LSR_2-GigabitEthernet0/0/2] quit

\# 配置 LSR_3。

[LSR_3] interface gigabitethernet 0/0/1

[LSR_3-GigabitEthernet0/0/1] mpls

第六步：创建从 LSR_1 到 LSR_3 的静态 LSP。

\# 配置 Ingress LSR_1。

[LSR_1] static-lsp ingress LSP1 destination 10.10.1.3 32 nexthop 10.1.1.2 out-label 20

\# 配置 Transit LSR_2。

[LSR_2] static-lsp transit LSP1 incoming-interface gigabitethernet 0/0/1 in-label 20 nexthop 10.2.1.2 out-label 40

配置 Egress LSR_3。

[LSR_3] static-lsp egress LSP1 incoming-interface gigabitethernet 0/0/1 in-label 40

验证配置：可在各节点上用 display mpls static-lsp 命令查看静态 LSP 的状态。以 LSR_1 显示为例，如图 7-17 所示。

```
[LSR_1]display mpls static-lsp
TOTAL           : 1       STATIC LSP(S)
UP              : 1       STATIC LSP(S)
DOWN            : 0       STATIC LSP(S)
Name                  FEC              I/O Label      I/O If              Status
LSP1                  10.10.1.3/32     NULL/20        -/GE0/0/1           Up
```

图 7-17

第七步：创建从 LSR_3 到 LSR_1 的静态 LSP。

配置 Ingress LSR_3。

[LSR_3] static-lsp ingress LSP2 destination 10.10.1.1 32 nexthop 10.2.1.1 out-label 30

配置 Transit LSR_2。

[LSR_2] static-lsp transit LSP2 incoming-interface gigabitethernet 0/0/2 in-label 30 nexthop 10.1.1.1 out-label 60

配置 Egress LSR_1。

[LSR_1] static-lsp egress LSP2 incoming-interface gigabitethernet 0/0/1 in-label 60

第八步：验证配置结果。

配置完成后，在各节点上查看静态 LSP 的状态及其详细信息。以 LSR_1 的显示为例，如图 7-18~ 图 7-21 所示。

```
[LSR_1]display mpls static-lsp
TOTAL           : 2       STATIC LSP(S)
UP              : 2       STATIC LSP(S)
DOWN            : 0       STATIC LSP(S)
Name                  FEC              I/O Label      I/O If              Status

LSP1                  10.10.1.3/32     NULL/20        -/GE0/0/1           Up

LSP2                  -/-              60/NULL        GE0/0/1/-           Up
```

图 7-18

```
[LSR_1]display mpls static-lsp verbose
No                 : 1
LSP-Name           : LSP1
LSR-Type           : Ingress
FEC                : 10.10.1.3/32
In-Label           : NULL
Out-Label          : 20
In-Interface       : -
Out-Interface      : GigabitEthernet0/0/1
NextHop            : 10.1.1.2
Static-Lsp Type    : Normal
Lsp Status         : Up

No                 : 2
LSP-Name           : LSP2
LSR-Type           : Egress
FEC                : -/-
In-Label           : 60
Out-Label          : NULL
In-Interface       : GigabitEthernet0/0/1
Out-Interface      : -
NextHop            : -
Static-Lsp Type    : Normal
Lsp Status         : Up
```

图 7-19

在 LSR_1 执行命令 ping lsp ip 10.10.1.3 32，可以 ping 通。

```
[LSR_1]ping lsp ip 10.10.1.3 32
  LSP PING FEC: IPV4 PREFIX 10.10.1.3/32/ : 100   data bytes, press CTRL_C to break
    Reply from 10.10.1.3: bytes=100 Sequence=1 time=190 ms
    Reply from 10.10.1.3: bytes=100 Sequence=2 time=90 ms
    Reply from 10.10.1.3: bytes=100 Sequence=3 time=100 ms
    Reply from 10.10.1.3: bytes=100 Sequence=4 time=80 ms
    Reply from 10.10.1.3: bytes=100 Sequence=5 time=90 ms

  --- FEC: IPV4 PREFIX 10.10.1.3/32 ping statistics ---
    5 packet(s) transmitted
    5 packet(s) received
    0.00% packet loss
    round-trip min/avg/max = 80/110/190 ms
```

图 7-20

在 LSR_3 执行命令 ping lsp ip 10.10.1.1 32，可以 ping 通。

```
[LSR_3]ping lsp ip 10.10.1.1 32
  LSP PING FEC: IPV4 PREFIX 10.10.1.1/32/ : 100   data bytes, press CTRL_C to break
    Reply from 10.10.1.1: bytes=100 Sequence=1 time=60 ms
    Reply from 10.10.1.1: bytes=100 Sequence=2 time=60 ms
    Reply from 10.10.1.1: bytes=100 Sequence=3 time=70 ms
    Reply from 10.10.1.1: bytes=100 Sequence=4 time=110 ms
    Reply from 10.10.1.1: bytes=100 Sequence=5 time=90 ms

  --- FEC: IPV4 PREFIX 10.10.1.1/32 ping statistics ---
    5 packet(s) transmitted
    5 packet(s) received
    0.00% packet loss
    round-trip min/avg/max = 60/78/110 ms
```

图 7-21

（2）思科、中兴、DCN、锐捷等厂商设备配置

第一步：按照图 7-15 连接好设备。

第二步：配置各路由器接口的 IP 地址。

第三步：配置 OSPF 协议，发布各节点接口所连网段和 LSR ID 的路由。

配置 LSR_1。

LSR_1（config）# router ospf 1　　　　　//配置公网路由协议

LSR_1（config-router）#router-id 10.10.1.1

LSR_1（config-router）# network 10.10.1.1 0.0.0.0 area 0.0.0.0

LSR_1（config-router）# network 10.1.1.0 0.0.0.255 area 0.0.0.0

配置 LSR_2。

LSR_2（config）# router ospf 1　　　　　//配置公网路由协议

LSR_2（config-router）#router-id 10.10.1.2

LSR_2（config-router）# network 10.10.1.2 0.0.0.0 area 0.0.0.0

LSR_2（config-router）# network 10.2.1.0 0.0.0.255 area 0.0.0.0

LSR_2（config-router）# network 10.1.1.0 0.0.0.255 area 0.0.0.0

配置 LSR_3。

LSR_3（config）# router ospf 1　　　　　//配置公网路由协议

LSR_3（config-router）#router-id 10.10.1.3

LSR_3（config-router）# network 10.10.1.3 0.0.0.0 area 0.0.0.0

LSR_3（config-router）# network 10.2.1.0 0.0.0.255 area 0.0.0.0

第四步：在各节点使能 MPLS 基本功能。
#配置 LSR_1。
LSR_1（config）# mpls ip // 全局打开 MPLS 功能
LSR_1（config）# mpls ldp router-id loopback1 force // 配置 LDP 的 RouterID
LSR_1（config）#interface Gei_0/1 // 端口模式中开启 MPLS 功能
LSR_1（config-if）#mpls ip
LSR_1（config）#interface Gei_0/2 // 端口模式中开启 MPLS 功能
LSR_1（config-if）#mpls ip
#配置 LSR_2&LSR_3（略，参照 LSR_1）。
第五步：验证配置。
LSR_1#show mpls forwarding-table// 显示 MPLS 转发表

3. 拓展练习

1）参考3种以上不同网络设备厂商的产品配置手册，练习不同厂商的路由器 MPLS 配置。

2）在路由器配置 MPLS 以后，运用 Wireshark 监听并对照基础知识分析 MPLS 报文数据结构。

3）MPLS 支持多层标签和转发平面面向连接的特性，使其在 VPN（Virtual Private Network）、流量工程、QoS（Quality of Service）等方面得到广泛应用。查阅厂商相关技术资料，完成 MPLS VPN 的配置。

参考文献

［1］STEVENS W R. TCP/IP 详解卷1：协议［M］.范建华，胥光辉，张涛，译.北京：机械工业出版社，2000.

［2］多伊尔.TCP/IP 路由技术第一卷［M］.2 版.葛建立，吴剑章，译.北京：人民邮电出版社，2007.

［3］多伊尔.TCP/IP 路由技术第二卷［M］.2 版.夏俊杰，译.北京：人民邮电出版社，2009.

［4］维恩克，培根.局域网交换机安全［M］.孙余强，孙剑，译.北京：人民邮电出版社，2010.